新闻出版总署"十一五"国家重点规划图书
建设领域节能减排重点技术丛书

# 建 筑 节 材

田斌守　主编

中国建筑工业出版社

图书在版编目(CIP)数据

建筑节材/田斌守主编. —北京:中国建筑工业出版社, 2010.10
（新闻出版总署"十一五"国家重点规划图书. 建设领域节能减排重点技术丛书）
ISBN 978-7-112-12434-3

Ⅰ. ①建… Ⅱ. ①田… Ⅲ. ①节能-建筑材料 Ⅳ. ①TU5

中国版本图书馆 CIP 数据核字(2010)第 179482 号

本书汇集了我国科技工作者在生产、施工、应用方面的有关技术成果，全书共分9章，分别概述了建筑节材的有关内容；建筑材料生产环节节材技术及资源综合利用工业废弃物生产新型建筑材料技术；引导新材料开发推广的新型建筑材料评价技术；节约型建筑材料的发展动态；通过选用性能良好的材料优化建筑物设计节材技术；应用科学的统筹方法、依靠先进的施工组织和施工管理技术在建筑施工环节的节材技术；建筑物构筑物使用功能消失后建筑垃圾的回收利用技术等。

本书可供从事建筑材料生产、建筑设计、建筑施工、环保技术人员和政府相关部门的管理人员借鉴。

\* \* \*

责任编辑：姚荣华　张文胜
责任设计：肖　剑
责任校对：王　颖　刘　钰

新闻出版总署"十一五"国家重点规划图书
建设领域节能减排重点技术丛书
## 建 筑 节 材
田斌守　主编

\*

中国建筑工业出版社出版、发行（北京西郊百万庄）
各地新华书店、建筑书店经销
北京红光制版公司制版
世界知识印刷厂印刷

\*

开本：787×1092毫米　1/16　印张：10　字数：244千字
2010年11月第一版　　2010年11月第一次印刷
定价：22.00元
ISBN 978-7-112-12434-3
(19699)

**版权所有　翻印必究**
如有印装质量问题，可寄本社退换
（邮政编码 100037）

# 本书编委会

**主　编**　田斌守
**主　审**　邵继新
**参编人员**　王花枝　杨树新　王本明　田晓阳
　　　　　　王守武　康小军　李玉玺　冯启彪
　　　　　　孟　渊　李文斌

# 出 版 说 明

实施节能减排战略作为中央转变经济发展方式的重要手段，是落实科学发展观的具体体现，也是实现中国经济社会可持续发展的必由之路。加快建设领域节能减排步伐，关系城乡建设事业科学发展，关系经济社会发展大局，关系人民群众切身利益。住房城乡建设领域作为全社会节能减排的重点领域，任务艰巨，责任重大。

为贯彻落实《国务院关于进一步加大工作力度确保实现十一五节能减排目标的通知》和国务院节能减排电视电话会议的精神，实现住房城乡建设领域十一五节能减排目标，并对今后的建设领域节能减排工作进行技术支持，特组织编写了"建设领域节能减排重点技术丛书"。本丛书汇集了业内众多专家，编写了建筑节能、可再生能源在建筑中规模化应用、供热节能减排、燃气节能减排、节水、节地、城市固体废弃物处理、施工企业信息化管理、城市公共交通等城乡建设领域重点节能减排的最新成果和实用技术。

本丛书包括：《建筑信息化应用技术》、《建筑施工中的节能减排技术》、《建筑节材》、《建筑节能及节能改造技术》、《可再生能源在建筑的应用》、《节水及水资源开发利用技术》、《城市固体废物处理及利用技术》、《节约型园林设计与应用》、《园林节能技术的应用》、《节地与地下空间开发利用技术》、《城市公共交通应用技术》、《城市燃气节能减排技术》、《城市供热节能减排技术》。

# 前　　言

　　建筑与人类的活动紧密相关。人类从蒙昧的穴居时代进化到筑巢造屋以来，就一直在建造各种功能的建筑。同时，人们的行为也离不开建筑，并且随着人类文明程度的提高，建筑的种类会越来越多，规模也越来越大，标准也会越来越高，在这个过程中会耗费越来越多的能源和资源。而大部分资源与能源是不可再生的，能源资源危机始终伴随着当今高速发展的社会，也危及着人类的可持续发展。在我国，随着社会经济的发展和人们生活水平的不断提高、城市化进程的加快以及农村小城镇建设的蓬勃发展，满足人们需要的各种功能的公共建筑面积会越来越大，人均居住建筑面积也会越来越大。有人称"全世界的塔吊都集中在中国"，中国每年新建建筑约 20 亿 $m^2$。所有研究都证明，要想达到高质量的生活水准，就要住在城里；并且维持同样的生活质量，住在城里远比住在乡下成本要低，这就是为什么人类发展史都是单一方向的：从农村走向城市。中国正在快速走上一条城市化之路。据统计，中国 1949 年的城市化率为 7.3%，1978 年是 18%，现在则为 46.6%。据估计，2020 年将达到 58%～60%，也就是说平均每年有 1500 万农民将会转变为"城里人"！一方面是城镇化加快，另一方面我们看看城镇人口的住房情况，我国城镇人均住房面积也从几平方米增加到现在的约 $28m^2$，逐步向国外发达国家 $40m^2$ 迈进。上海世博会更是喊出了"城市让生活更美好"的口号，城市让生活更美好是技术化城市追求的理念。从某种意义上说，城市就是建筑拼装堆积起来的部落！

　　因此，建筑总量的增长是毋庸置疑的，建造这些建筑物耗用的建筑材料的总量自然会增长，用来生产这些建筑材料的能源和资源消耗的总量增长也是必然的，相应的也必然会加大力度劈山采矿、打井挖煤、钻孔取油，也必然会产生生态破坏、环境污染、垃圾占地等一系列问题。故而建筑节材是摆在我们面前不容回避的严峻现实，但是试图通过常规的减少材料总量而降低消耗的方法是不可能的，因为我们不可能站在原地保持原来的经济和生活水准而不发展。现在大家的共识是"既不能不发展，又不能走发达国家走过的发展道路，中国必须走自己的路"。必须应用科学的手段和低耗循环的发展理念，在保证建筑总量、满足人们需要的前提下，最大限度地减少建筑材料的用量从而减少矿产资源开采、减少生产建材的能源消耗，达到保护环境节能降耗的目的。

　　建设行业提出绿色建筑的发展目标，是建立节约型社会、可持续发展、节能减排等科学发展观在建设领域的具体体现。建筑节材是绿色建筑最主要的内容，是实现绿色建筑的物质保障，即用性能良好的材料来达到绿色建筑的目标要求。

　　建筑节材贯穿整个建筑物的寿命周期。建筑节材的内容很广泛，从建筑材料生产到建筑物的设计、施工、运行管理乃至建筑物使用功能消失后废弃物的处置、回收利用，要求这个过程中的每个环节均采用新思维、新技术、新工艺、新材料，厉行节约。

在这种背景下，编者汇集了我国科技工作者在生产、施工、应用方面的有关技术成果，编成本书。全书共分9章，分别概述了建筑节材的有关内容；建筑材料生产环节节材技术及资源综合利用工业废弃物生产新型建筑材料技术；引导新材料开发推广的新型建筑材料评价技术；节约型建筑材料的发展动态；通过选用性能良好的材料优化建筑物设计节材技术；应用科学的统筹方法、依靠先进的施工组织和施工管理技术在建筑施工环节的节材技术；建筑物构筑物使用功能消失后建筑垃圾的回收利用技术等。希望本书的出版能够为从事建筑材料生产、建筑设计、建筑施工、环保技术人员和政府相关部门的管理人员提供借鉴，为促进我国节约型社会的建设、实施建筑领域节材目标尽编者绵薄之力。

本书由田斌守主编，邵继新主审。王花枝、杨树新、康小军、王守武、田晓阳、王本明、李玉玺、冯启彪、孟渊、李文斌等参与编写。其中第1章由田斌守、田晓阳编写，第2章由杨树新、孟渊、李文斌编写，第3章由王花枝、王本明编写，第4章由田斌守编写，第5章由康小军编写，第6章由王守武、李玉玺编写，第7章由田斌守、冯启彪编写，第8章由王花枝编写，第9章由田斌守编写，全书由田斌守统稿。在本书的编写过程中，兰州大学物理科学与技术学院材料科学与工程研究所的王花枝老师在选材审核、中国科学院资源环境科学信息中心田晓阳老师在资料搜集方面给予了大力帮助，并编写了部分内容，在此表示衷心的感谢。同时在此感谢中国建筑工业出版社张文胜编辑及其他同仁在本书出版过程中给予的帮助和指导。

人类社会、经济、科技发展是主题，随着科技进步，在建筑节材领域新材料、新技术、新工艺、新方法、新理念会不断涌现，我们难求齐全。同时由于编者水平有限，选材编写难免有错漏，恳切希望各位读者对书中的不当之处提出批评指正，以利再版时修订。

# 目 录

## 第1章 概述 ... 1
### 1.1 建筑节材的概念 ... 1
### 1.2 建筑节材的意义 ... 2
#### 1.2.1 我国经济总体概况 ... 2
#### 1.2.2 我国建筑建材业概况 ... 2
### 1.3 建筑节材的内容 ... 4
### 1.4 建筑节材的技术措施 ... 6
参考文献 ... 6

## 第2章 建筑材料生产环节的节材技术 ... 8
### 2.1 水泥 ... 8
#### 2.1.1 高掺量粉煤灰水泥生产技术 ... 8
#### 2.1.2 利用煤矸石生产水泥技术 ... 12
#### 2.1.3 其他水泥生产技术 ... 13
### 2.2 混凝土新技术 ... 17
#### 2.2.1 高强度混凝土 ... 17
#### 2.2.2 贫混凝土 ... 18
#### 2.2.3 石膏混凝土 ... 19
#### 2.2.4 矿渣及全矿渣混凝土 ... 20
#### 2.2.5 灰砂硅酸盐混凝土 ... 22
#### 2.2.6 碱矿渣高强度混凝土 ... 24
### 2.3 新型墙体材料 ... 29
#### 2.3.1 新型墙体材料概述 ... 29
#### 2.3.2 砌墙砖 ... 30
#### 2.3.3 建筑砌块 ... 34
#### 2.3.4 建筑板材 ... 40
参考文献 ... 49

## 第3章 资源综合利用生产建筑材料 ... 50
### 3.1 工业废渣概述 ... 50
#### 3.1.1 粉煤灰 ... 50
#### 3.1.2 矿渣 ... 53
#### 3.1.3 煤矸石 ... 55
#### 3.1.4 稻壳灰、淤泥 ... 57
#### 3.1.5 工业石膏 ... 58

## 3.2 工业废渣综合利用 … 59
### 3.2.1 粉煤灰综合利用技术 … 59
### 3.2.2 矿渣综合利用 … 65
### 3.2.3 高炉矿渣的综合利用 … 68
### 3.2.4 铬渣的综合利用 … 73
### 3.2.5 电石渣及其他矿渣的综合利用 … 75
### 3.2.6 煤矸石综合利用技术 … 76
### 3.2.7 淤泥综合利用 … 78
### 3.2.8 工业石膏综合利用技术 … 80
参考文献 … 86

# 第4章 新型建筑材料评价体系 … 88
## 4.1 评价体系概述 … 88
## 4.2 墙体材料评价体系 … 88
### 4.2.1 评价原则 … 89
### 4.2.2 评价标准 … 89
### 4.2.3 体系构成 … 90
### 4.2.4 体系应用 … 90
## 4.3 我国绿色建材评价体系 … 92
### 4.3.1 体系的构建原则 … 93
### 4.3.2 体系组成 … 93
### 4.3.3 评价方法 … 94
## 4.4 新型墙体材料评价体系 … 95
### 4.4.1 体系构建思路 … 95
### 4.4.2 体系组成 … 96
### 4.4.3 评价指标值的计算 … 96
### 4.4.4 体系的应用 … 96
参考文献 … 98

# 第5章 建筑设计节材技术 … 99
## 5.1 建筑结构方案选用 … 99
### 5.1.1 我国传统建筑结构形式 … 99
### 5.1.2 我国新的建筑结构体系 … 101
## 5.2 建筑设计节材 … 104
### 5.2.1 我国建筑材料概况 … 105
### 5.2.2 结构材料的节材型设计 … 105
### 5.2.3 围护材料的节材型设计 … 105
### 5.2.4 功能材料的节材型设计 … 105
### 5.2.5 建筑设计节材原则 … 106
参考文献 … 107

# 第6章 建筑施工节材技术 ……………………………………………………… 108
## 6.1 科学先进的施工组织设计 ……………………………………………… 108
### 6.1.1 建筑产品生产的特点 ………………………………………………… 108
### 6.1.2 施工组织设计的作用 ………………………………………………… 109
### 6.1.3 施工组织设计的类型和内容 ………………………………………… 109
### 6.1.4 施工组织设计的原则 ………………………………………………… 110
## 6.2 物资供应与管理 ………………………………………………………… 111
### 6.2.1 物资准备 ……………………………………………………………… 111
### 6.2.2 物资采购管理 ………………………………………………………… 112
### 6.2.3 材料进、出仓的管理 ………………………………………………… 113
## 6.3 施工现场材料节约措施 ………………………………………………… 113
### 6.3.1 加强现场管理 ………………………………………………………… 113
### 6.3.2 主要材料节约措施 …………………………………………………… 114
### 6.3.3 综合节约措施 ………………………………………………………… 117
## 6.4 技术节约措施 …………………………………………………………… 118
## 6.5 商品混凝土和商品砂浆的应用 ………………………………………… 121
### 6.5.1 商品混凝土 …………………………………………………………… 121
### 6.5.2 商品砂浆 ……………………………………………………………… 122
## 6.6 节约型管理评价体系 …………………………………………………… 123
### 6.6.1 节约型管理指标体系的建立 ………………………………………… 123
### 6.6.2 节约型管理模糊综合评价模型 ……………………………………… 125
参考文献 ……………………………………………………………………… 126

# 第7章 建筑垃圾再生集料的应用 ……………………………………………… 127
## 7.1 建筑垃圾概述 …………………………………………………………… 127
### 7.1.1 建筑垃圾分类与组成 ………………………………………………… 127
### 7.1.2 建筑垃圾处理原则 …………………………………………………… 129
## 7.2 建筑垃圾再生集料应用现状 …………………………………………… 130
### 7.2.1 建筑垃圾处理现状 …………………………………………………… 130
### 7.2.2 灾后建筑垃圾的应用 ………………………………………………… 130
### 7.2.3 再生集料的应用 ……………………………………………………… 131
## 7.3 再生集料标准体系建设 ………………………………………………… 133
### 7.3.1 国外再生混凝土粗集料分级方法 …………………………………… 133
### 7.3.2 我国再生混凝土粗集料分级方法的研究进展 ……………………… 135
## 7.4 再生集料混凝土设计技术 ……………………………………………… 136
### 7.4.1 再生集料基本特性 …………………………………………………… 136
### 7.4.2 新拌混凝土的性能 …………………………………………………… 137
### 7.4.3 再生集料混凝土配合比设计特点 …………………………………… 137
## 7.5 再生集料实际应用工程 ………………………………………………… 137
### 7.5.1 再生集料应用实例 …………………………………………………… 137

  7.5.2 再生混凝土应用展望 ………………………………………………… 142
  参考文献 ……………………………………………………………………… 142

## 第8章 全生命周期建筑评价 ……………………………………………… 143
 8.1 全生命周期评价基本理论 ……………………………………………… 143
  8.1.1 全生命周期评价定义 ……………………………………………… 143
  8.1.2 生命周期评价方法的主要内容 …………………………………… 143
  8.1.3 生命周期评价原则 ………………………………………………… 144
  8.1.4 生命周期评价工具简介 …………………………………………… 144
 8.2 绿色建筑全生命周期成本 ……………………………………………… 144
  8.2.1 概述 ………………………………………………………………… 144
  8.2.2 绿色建筑全生命周期成本 ………………………………………… 145
 参考文献 ………………………………………………………………………… 146

## 第9章 建筑节材展望 …………………………………………………………… 147
 参考文献 ………………………………………………………………………… 150

# 第1章 概 述

## 1.1 建筑节材的概念

我们在维持现有生产生活状况、发展社会经济的过程中都要消耗大量的资源和能源，而大部分资源和能源是不可再生的，如果不采取措施，资源和能源危机终将威胁人类的健康发展。所以，有识之士急切地提出发展不能"寅吃卯粮"、"留一些给子孙"，否则有一天会"无米下炊"。

建筑，量大面广，与我们的生活密切相关，可以说人们没有一刻可以离开建筑，从住宅楼、宿舍、旅馆、托幼建筑、医院、疗养院等居住建筑，到办公楼、商店、公路、铁路、机场、学校、体育馆、影剧院、车站、码头、港口等公共建筑，以及一些工厂、博物馆、纪念馆等特殊建筑物，我们每天的起居、学习、办公、购物、旅游、聚会、休闲等生活内容都离不开建筑物，时时刻刻与建筑物紧紧联系在一起。所以在某种程度上讲，不管是个体还是群体，整个人类社会的活动就是在不同功能的建筑群中完成的。所以人类从蒙昧的穴居时代进化到筑巢造屋以来，一直在建造各种使用功能的建筑，并且随着文明程度的提高，建筑种类越来越多，规模越来越大，标准越来越高，越来越豪华，在这个过程中耗费着越来越多的能源和资源。

建筑节材是在人类可持续发展的大背景下提出的，是建设节约型社会的科学发展观在建设领域的具体体现。

建筑节材，顾名思义就是在建筑工业的活动过程中节约建筑材料，是指在社会生活持续发展过程中，在保持建筑业正常稳定的发展速度下，满足同样功能条件下最大限度地节约材料，从而减少矿产资源的开采、减少能源的使用，促进废弃材料回收利用，从而达到节约资源、节约能源、减少污染、保护生态环境的可持续发展的目的。建筑节材是一个系统工程，涵盖了从建筑材料的生产、建筑物的设计、建造施工过程，建筑物维护及其使用功能终结后建筑材料的回收再利用整个过程。建筑节材最显著的特征是在这个过程中应用科学的手段，从技术上、管理上充分实现"5R"的现代经济的发展理念——减量化（Reduce）、再使用（Reuse）、再循环（Recycle）、再思考（Rethink）、再修复（Repair）。建筑节材并不是简单意义上的减少型节约，而是采用科学手段从全过程主动减少建造单位面积建筑物所耗用的建筑材料。建筑节材综合了材料科学、工业生产技术、优化设计、统筹学、资源能源综合利用等各领域的先进技术。

由于建筑能耗居高不下，并且随着建设规模的扩大，继续高速增长，所以我国建设行业提出绿色建筑的发展目标，是国家节约型社会、可持续发展、节能减排等科学发展观在建设领域的具体体现。

绿色建筑是在建筑的全生命周期内，最大限度地节约资源、保护环境和减少污染，为人们提供健康、适用和高效的使用空间，与自然和谐共生的建筑，有时又称作生态建筑、可持续建筑、节能建筑等，其主要特征是四节一环保——节地、节材、节能、节水、保护环境，主要评价其节地与室外环境、节能与能源利用、节水与水资源利用、节材与材料资源利用、室内环境质量和运营管理等6类指标。建筑节材是其中最主要的内容，是实现绿色建筑的物质保障，即用性能良好的材料来达到绿色建筑的目标要求。

## 1.2　建筑节材的意义

### 1.2.1　我国经济总体概况

能源危机是全世界共同面对的课题，也是影响人类社会可持续发展的决定性因素，能源与人口、粮食、环境等已成为当今人类面临的四大问题。我国人口众多，能源资源相对缺乏，自然资源总量排在世界第七位，能源资源总量居世界第三位，但我国人均能源占有量约为世界平均水平的40%。

现阶段，中国正处于工业化发展中期，社会经济状况正处在一个特殊时期。一方面，经济以接近两位数的速度平稳高速地发展，另一方面我国的产业结构还不尽合理，资源消耗型、能源消耗型产业在国民经济中占有较大的比重，所以资源和能源消耗量增长很快。据中国节能投资公司介绍，工业占我国总能耗的70%左右，工业主要污染物如COD（化学耗氧量）、二氧化硫排放量分别占全国总量的40%和85%左右。总体上看，我国工业企业的能源利用效率与国际先进水平相比，还存在比较大的差距。2007年的一份统计资料显示，当年我国消耗每吨油创造GDP为2026美元，而发展中国家平均为3146美元，主要发达国家为9063美元。我国电力、钢铁、有色、石化、建材、化工、轻工、纺织等八个行业主要产品单位能耗比国际先进水平高出30%~40%。为此，我国提出建设节约型社会的科学发展观，首先重点在工业、交通、建筑领域采取节能措施，降低单位GDP能耗。可见，工业是我国节能减排的重中之重。由中国科学院发布的《2009中国可持续发展战略报告》中指出，中国特色的低碳发展道路应该是基于国情并且符合世界发展趋势的渐进式路径，提出了2020年我国低碳经济的发展目标：单位GDP能耗比2005年降低40%~60%，单位GDP的二氧化碳排放量降低50%左右。

在上面提出的八大行业均与建筑业有关，直接相关的产业有钢铁、建材、化工、有色等。

### 1.2.2　我国建筑建材业概况

中国是个拥有13亿人口的大国，并且是一个以较高速度稳定发展的发展中国家，底子较薄，这种特殊性与世界上任何一个国家都有区别。建筑作为经济发展重要的成分，其规模随着我国整体经济水平的提高而大幅提高。据薛志峰介绍："截止2004年底，全国房屋总面积已超过400亿 $m^2$，其中城镇房屋建筑面积为149.06亿 $m^2$（其中城镇住宅建筑面积96.16亿 $m^2$，公共建筑和工业建筑52.9亿 $m^2$）"。又据中国统计年鉴，2005年竣工房屋面积227588.7万 $m^2$，2006年竣工房屋面积212542.2万 $m^2$，2007年竣工房屋面积238425.3万 $m^2$，2008年竣工房屋面积260607万 $m^2$。也就是说，截止2008年我国建筑约500亿 $m^2$。

人民逐渐富裕、国家逐渐富强后，必然会大兴土木搞建设。

居民住房作为人民生活水平的衡量指标之一。我们的传统习惯中房产是我们的恒产，有自己的房住就算是基本的生活条件，租房居住是一个暂定状态，就像一个过客的漂泊生活。所以人们渴望住上自己的房子，结束租房居住的时代，进入有产阶级行列。渴望住房能够宽敞舒适，越来越多的人希望拥有自己的居住空间，几代人共处一室的时代渐行渐远了，那已经成为我们曾经贫穷落后的回忆，留在了历史中。现在生活模式的发展趋势是几代人各有自己的住房，周末来个家庭聚会，这样既有中国传统文化中儿孙绕膝、温馨满堂的亲情享受，在平时又有自己尽情舒展的私密空间。随着人民生活水平的提高，这种生活模式会越来越受到推崇。另外，由于我国的底子较薄，基础较差，现在的居住水平仍然较低。据中国工程院院士清华大学江亿教授统计的数据，我国的人均建筑面积比欧美少，现在中国人均30多平方米，美国是人均80多平方米，这个差距再乘以中国巨大的人口数量，就是将来我国建筑规模潜在的市场容量。由此可看出，我们为改善人民居住条件还要建巨量的建筑。

又据住房和城乡建设部统计，我国的存量建筑约420亿$m^2$，每年新增建筑20亿$m^2$。中国2008年末城镇居民总人口6.07亿人，城镇家庭2亿户左右。1999～2008年的10年间，中国建了超过80亿$m^2$的商品住房，7000万个家庭买了新房，占全国家庭的30％～35％。未来10年，中国有望至少建7000～8000万套新房，将有2/3的家庭住进新房。两项相加，新房量将达1.5亿套。同时，从全面小康社会来说，老百姓户均住房面积应在90$m^2$。到2009年末，中国城镇实有住房总量124亿$m^2$，户均住房面积60$m^2$，仅达到经济适用房的水平，属于"初步脱困"。另一个统计数据表明："目前我国城镇户籍人口人均建筑面积约28$m^2$，如果把一些没有户籍，但长期在城镇工作的常住人口加在一起，城镇的人均住房面积只有约22$m^2$"。以上数据意味着即使考虑农村人员不再迁往城市，中国城市也还得增加50％的房子。

民用建筑的另外一个重要部分是公共建筑。为居民提供教育、休闲购物、文化、体育锻炼等服务的场所，比较典型的有办公建筑（包括写字楼、政府部门的办公楼等）、商业建筑（如商场、银行金融建筑等）、旅游建筑（如旅游饭店、娱乐场所等）、科教文卫建筑（包括学校、影剧院、体育馆、礼堂、食堂、图书馆、博物馆、档案馆等的文化、体育、科研、医疗、卫生、体育建筑）、通信建筑（包括邮电、通信、广播用房等）以及交通运输建筑（包括车站、机场、港口建筑等）。公共建筑量是衡量一个国家或地区整体发展水平的一个重要组成内容，是文明程度的一个主要指标，是卫生保障程度的一个重要指标，……。评价某个地区的教育发展程度，就会有一个指标，即人均享有的学校的面积；评价某个地区体育发展水平，就会有一个指标，即人均享有的体育场馆面积和体育设施；评价某个地区的卫生医疗状况，就会有一个指标，即人均医院床位；评价某个地区的文化先进程度，就会有一个指标，即人均公共图书馆面积、人均博物馆面积、人均科技馆面积等；从上面可以看出，这里有一个被大众接受的基本观点，随着社会发展和人民生活水平的不断提高，人们的要求会越来越高，人们的消费也会多样化，为我们服务的各类公共建筑会越来越多，功能越来越齐全，即随着社会财力的增强，公共建筑的面积会越来越大。现在全国每年新增建筑面积20多亿平方米，其中公共建筑面积约4亿$m^2$。据国家统计局发布的报告称，2008年建筑业投资为1294亿元，增长30.4％，房地产投资35215亿元，增长 23.0%。

从上面的叙述可以看出我国建筑规模的发展速度。需要说明的是，这里只是居住建筑和公共建筑，不含工业建筑。

建筑都是由建材建成的，与之对应的是巨量的建筑材料的生产。

进入 21 世纪以来，我国建材工业快速、稳定发展，取得了巨大成绩。当前，我国已经成为全球最大的建材生产和消费国，它已成为吸引各方面投资的优势产业。但是建材工业蓬勃发展的同时，我们也付出了沉重的资源和环境代价，建材工业年能耗总量位居我国各工业部门第三位，属于典型的能源、资源消耗型产业。据国家统计局统计数据显示 2008 年大宗建筑材料的生产状况：粗钢 50091.5 万 t，比上年增长 2.4%；钢材 58488.1 万 t，比上年增长 3.4%；水泥 14.0 亿 t，比上年增长 2.9%；木材 7894 万 $m^3$，比上年增长 13.2%；砖瓦产量保持两位数增长，同比增长 22.2%，比上年同期增加了 2.7 个百分点，年总产量达 1 万亿块（折合普通砖），其中烧结制品 9000 多亿块（折合普通砖），非烧结制品近 1000 亿块（折合普通砖）。

综上所述，我国是一个人口众多、正在迈向发达的国家。在今后相当长的时期内，建筑规模巨大，建筑发展速度极快，建材需要量极大，为此带来的资源和能源消耗相当大。

## 1.3 建筑节材的内容

建筑节材是个系统工程，以建筑物为中心，以材料形态转变和时间进程为路径，向前溯源和向后延伸，从前期的建筑材料生产一直到建筑物施工建造、运营乃至建筑物使用寿命终结后建筑垃圾的处理，都涉及建筑节材的内容。建材生产和建筑垃圾处理是节材的重点，设计、施工环节是过程节材的途径。

建筑节材的内容分解在建筑整个过程中。建设部《关于发展节能省地型住宅和公共建筑的指导意见》中明确指出：建筑节材——要积极采用新型建筑体系，推广应用高性能、低材（能）耗、可再生循环利用的建筑材料，因地制宜，就地取材。要提高建筑品质，延长建筑物使用寿命，努力降低对建筑材料的消耗。要大力推广应用高强钢和高性能混凝土。要积极研究和开展建筑垃圾与部品的回收和利用。

建筑节材的内容通俗地讲就是减少开采、高效生产、优化设计、合理施工、长效使用、回收利用等几个方面：

一是少开采不可再生的自然矿产资源和能源，尽量使用回收资源生产建材。二是优化过程，生产性能良好的材料。在生产过程中做到"低耗、高产、优质"，即通过工艺手段降低单位产品的物料消耗和能源消耗，提高生产过程的成品率，提高产品的性能，因为生产劣质产品是最大的资源能源浪费。三是优化设计，延长建筑使用寿命；使用新型材料减少建筑材料使用量；尽量避免装修时拆墙砸地造成的浪费。四是合理施工，最大限度地减少材料浪费。五是回收利用，建筑物寿命终了时，材料能够循环利用。

单春伟、韩英义总结了建筑节材的具体内容有以下几点：

（1）提高建筑性能，延长建筑物使用寿命

1）发展以耐久性为核心特征的高性能建筑材料的生产和工程应用技术，延长建筑物的使用寿命，减少维修次数，避免建筑物频繁维修或过早拆除造成的材料浪费。

2）发展轻质、高强、高孔洞率的建筑材料生产和工程应用技术。高强轻质材料和高孔洞率材料不仅本身消耗资源较少，而且有利于减轻结构自重，可以避免建筑的肥梁胖柱重盖深基，从而减少材料消耗。

3）提高建筑物建筑功能的适应性，做到物尽其用。

4）在城市改造过程中要统筹规划，具有使用价值的建筑物，应尽可能维修或改造后继续加以利用。

（2）推广应用综合利用和节约代用的新产品、新技术

1）推广可取代黏土砖的新型墙材和节能保温材料的工程应用技术，例如建筑砌块、建筑板材、外墙外保温技术、保温模板一体化技术等。应用这些材料可以节约大量的黏土资源，同时可降低墙体厚度，减少材料消耗量。

2）推广工业废渣在建筑材料中的应用技术。我国在综合利用煤矸石、淤泥、炉渣、粉煤灰及各种尾矿等制备烧结砖、建筑砌块、建筑板材等方面已取得一定成效，有些已经做到了烧砖不用土、不用煤。目前应进一步提高工业废渣综合利用技术水平和建筑材料中工业废渣的应用比率，以降低建筑材料对自然资源的消耗。

3）推广人造骨料、再生骨料在混凝土中的工程应用技术。我国是以煤为主要能源的国家，煤在能源构成中约占78%，每年产生的粉煤灰、炉渣等超过1亿t，有些地区泥岩、页岩储量丰富，这些资源可以生产粉煤灰陶粒和页岩陶粒等人造骨料。另外，城市拆迁改造产生大量废弃砖瓦、混凝土，经筛选、破碎可作为天然砂石的替代资源。

4）推广低水泥用量、高性能混凝土的工程应用技术。硅酸盐材料是不可再生资源，降低混凝土中的水泥用量可从根本上节约资源、能源，并有利于环保。

5）推广植物纤维、速生竹木材料等在建筑工程材料中的应用技术。这些材料经过性能改良和与其他材料复合后具有很多良好的性能，可以替代传统材料，因而在建筑节材方面具有一定的发展潜力。

（3）加强建筑设计管理

1）建筑的构造要提倡适宜原则，尽可能避免追求华而不实的结构形态而增加材料用量。

2）对建筑结构方案进行优化，设计方案中提高高强度钢材、高强度混凝土的使用率，以降低结构自重，减少材料用量。

3）设计时应多采用工厂生产的标准规格的预制成品或部品并遵循模数协调原则，以减少现场加工材料所造成的浪费。

4）采用有利于提高材料循环利用效率的新型结构体系，例如钢结构、轻钢结构体系等。

5）广泛调查研究，尽量达到人性化设计，避免新房入住时破坏性装修造成的材料浪费和大量的建筑垃圾。

6）设计方案中尽量采用再生原料生产的建筑材料或可循环利用的建筑材料，减少不可再生材料的使用率。

（4）加强施工管理

1）对单位建筑在施工过程中产生建筑垃圾的数量进行控制，制定相应的建筑垃圾允许产生数量和排放数量标准，并将其作为衡量建筑施工企业管理水平和技术水平高低的重

要考核指标,引导施工企业在施工过程中提倡节材。

2) 提高散装水泥、商品混凝土和商品砂浆使用率。使用散装水泥每万吨可节省包装用纸 60t,折合优质木材 330m³,可节约用电 7.7 万 kWh、煤炭 77.8t,同时可节省由于包装纸袋破损和包装袋内残留水泥造成的水泥损耗近 300t。使用商品混凝土和商品砂浆还可以减少水泥、砂石现场散堆放、倒放以及现场搅拌过程中造成的损失,同时减少悬浮物污染环境。

3) 采用科学严谨的材料预算方案、科学先进的施工组织和施工管理技术,降低竣工后建筑材料剩余率和建筑垃圾产生量。

## 1.4　建筑节材的技术措施

如上所述,建筑节材是一个系统工程,以建筑物为中心,按产业链向前向后延伸,从建筑材料的生产一直到建筑物施工建造、运营过程乃至建筑物使用寿命终结后废弃物处理的全寿命周期内节约材料的手段和理念。建筑节材必须坚持走建筑产业化道路,必须推广应用性能高、耗材低、可再生循环利用率高的建筑新技术和新材料。

建筑材料生产环节的节材包括利用工业废弃物生产新型墙体材料和利用生态学原理建立循环工业园区,实现清洁生产。这与国家发展新型墙体材料的政策一致,发展新型墙体材料既要做到节土、节能、节约天然矿产资源,最大限度地合理利用固体废弃物,又要满足建筑业现代化和建筑节能的要求,有效地提高建筑物质量、性能和改善建筑功能。墙体材料工业在这方面具有独特的优势,是其他行业或产品所不能及的,如工业废渣煤矸石、粉煤灰、炉渣等用于制砖,其本身含有的热值不仅可被全部利用,甚至可以完全替代商品燃料。同时,利用固体废弃物是墙体材料工业节能和节材的一个重要途径,今后墙体材料工业的发展应以节约能源、资源和保护环境为中心,以提高资源利用率、固体废弃物利用率和降低污染物排放为目标,大力发展循环经济,推动技术进步,促进墙体材料产品结构调整和产业升级。详细内容将在第 2 章、第 3 章介绍。

建筑设计环节节材主要是采用新型建筑结构体系和轻质多功能新型建筑材料,降低整个建筑物的材料使用量。

建筑施工环节的节材主要是通过科学严谨的施工组织,最大限度地减少在建筑物建造过程中产生的建筑垃圾,通过严谨的材料预算管理最大限度地减少材料的浪费。

建筑垃圾处理是近年来发展很快的领域,已经成为建材业中的一个新兴行业。起源于国外一些发达国家,已经取得了一些成功的经验,如俄罗斯、德国、日本等都形成了比较成熟的建筑垃圾处理设备和生产工艺。建筑垃圾的回收利用可以解决三个方面的问题:第一,高速发展的建筑业对建材的巨量需求;第二,生产建材造成的对环境、资源、能源极大损害和消耗;第三,大量建筑物拆除后产生的建筑垃圾堆存造成的环境影响、土地负担。我国的建筑垃圾处理虽然起步较晚,但近年来发展迅速,在科研院所广泛开展建筑垃圾研究应用课题,已经建立了建筑垃圾的生产工艺技术、应用标准,并建成试验建筑。详细内容将在第 7 章介绍。

**参考文献**

[1]　张人为. 循环经济与中国建材行业发展 [J]. 再生资源与循环经济,2008,10 (1).

[2] 中国可以不再当追随者？http：//finance.sina.com.cn/roll/20091105/08146926039.shtml.

[3] 薛志峰．公共建筑节能［M］．北京：中国建筑工业出版社，2007.

[4] 中国统计年鉴，1995—2007，http：//www.stats.gov.cn/tjsj/ndsj/2008/html/F0509c.htm.

[5] 国新办新闻发布会．官方：中国城镇人均住房面积约22平方米．http：//www.cnqsq.com/html/news/20090106/83076.html.

[6] 中华人民共和国2008年国民经济和社会发展统计公报，http：//www.stats.gov.cn/tjgb/ndtjgb/qgndtjgb/t20090226_402540710.htm.

[7] 中国砖瓦行业2009年市场预测．中国建材技术服务网，http：//www.pcbmi.com/html/xinxingjiancai/xingyexinxi/200903/02－500.html.

[8] 孙海燕．战略高度导向建筑节材——建设部科技委"建筑节材"课题确定研究重点．建设科技，2005，16.

[9] 单春伟，韩英义．哈尔滨市建筑节材发展思路初探．墙材革新与建筑节能，2007.

# 第 2 章　建筑材料生产环节的节材技术

建筑材料是指建造人居环境建筑物、构筑物所需材料的总称，它涉及人类衣、食、住、行、工作、学习、娱乐等各方面，既是人类社会发展的物质基础，也是人类文明进步的标志。

现代社会的建筑产业是国家经济发展的命脉，建筑材料的发展水平从某种意义上讲代表着建筑业的发展水平。本章主要介绍水泥、建筑砌块等大宗建筑材料的生产情况。

## 2.1　水泥

随着可持续发展战略的实施，水泥工业的资源、能源、环境问题成为制约其发展的主要因素。少用能耗大、生产污染大的硅酸盐水泥熟料，尽可能多地利用工业废渣作为混合材料来生产水泥，是水泥工业"减量化、再循环、再利用"原则（3R原则）的具体措施，是一项既具有环保意义，又具有经济价值的生产节材技术。下面主要介绍几种水泥生产中的新技术。

### 2.1.1　高掺量粉煤灰水泥生产技术

粉煤灰是火力发电厂锅炉燃烧煤粉后的飞灰随烟气流出时用除尘器收集的部分。一般电厂把所有的灰混在一起得到了原状的干灰，水泥生产通常所用的粉煤灰就属这一类。据不完全统计，我国每年粉煤灰的排放量达到1.6亿t，是所有可应用的二次资源废料中，具有高活性、潜在胶凝性、含铝硅质玻璃体、极干燥、高细度的粉体材料。在材料制造领域，要把具有像粉煤灰这样的铝、硅、铁、钙水泥矿物，加工到相当于水泥粉或粉煤灰细度的程度，要消耗大量的煤、电和设备损耗。

#### 2.1.1.1　高掺量粉煤灰水泥的特征

1. 高掺量粉煤灰水泥粉煤灰掺量高

这种水泥粉煤灰掺量最高可达60%，吃灰量大，有利于粉煤灰的综合利用。

2. 成本低

由于这种水泥的粉煤灰掺量大，熟料比例小，同时，生产工艺科学合理，大大降低了水泥的生产成本。这不但可以增加产品的竞争力，有利于开拓市场，还可以大幅度提高企业的效益，调动企业利用粉煤灰的积极性，实现企业经济效益和社会效益同步提高。

3. 能耗低

普通硅酸盐水泥的能耗较高，例如，生产1t42.5级普通硅酸盐水泥的能耗约为206kg标准煤，而同等级别高掺量粉煤灰水泥1t水泥的能耗约为150kg标准煤。

4. 水泥质量稳定，性能优越

（1）早期强度有所提高，后期强度高

以前的高掺量粉煤灰水泥早期强度比较低，为了克服这个致命弱点，业界采用了超细粉磨和活性激发的手段，使其早期强度大大提高，与普通硅酸盐水泥基本相当。其3d、28d强度都不低于普通硅酸盐水泥，而后期强度却超过了普通硅酸盐水泥。因而，它具有比普通硅酸盐水泥更优异的性能。

(2) 水化热低

众所周知，硅酸盐水泥在水化过程中的水化热很高，1g硅酸盐水泥水化放热的总量高达500J。这种高水化热使混凝土内部温升剧烈，在气温较高的情况下，其深处温升最高可达100℃以上，大体积浇筑混凝土，其内部温升更高。硬化中的混凝土一般在浇筑3~4d后内部温升达到顶峰温度。这给建筑施工带来很大的危害，常常使一些大体积混凝土因温升而出现裂缝和崩溃。

高掺量粉煤灰水泥由于粉煤灰掺量高，水泥熟料用量少，水化热大幅度降低。1g高掺量粉煤灰水泥水化热总量只有250~300J，使用这种水泥进行大体积浇筑，内部温升不会过高。与硅酸盐水泥相比，混凝土施工性能好，不会出现裂缝和崩溃，可确保浇筑质量。该水泥特别适应于大型工程的大体积混凝土浇筑。

(3) 抗碱—集料反应

普通水泥中碱含量比较高。我国大部分普通硅酸盐水泥的碱含量都较高，有些小水泥厂生产的水泥碱含量更高。当水泥中总碱含量（$Na_2O+K_2O$）以$Na_2O$当量计大于0.6%，而集料中含活性氧化硅等成分时，就会发生碱—集料反应，发生体积膨胀，导致混凝土开裂。

由于高掺量粉煤灰水泥的粉煤灰所占比例高，硅酸盐水泥熟料相对减少，因而碱含量较低，（$Na_2O+K_2O$）以$Na_2O$当量计小于0.5%。同时，粉煤灰能有效地与硅酸盐水泥熟料中的碱发生反应，生成非膨胀的凝胶，抑制碱—集料反应。并且粉煤灰微粉具有硅灰的作用，可填补混凝土细微的毛细孔，使混凝土密实度提高，拦截水分的迁移，也有利于抑制碱—集料反应。

(4) 抗硫酸盐侵蚀

硫酸盐来自污水、地下水、海水等，其侵蚀作用是由于可溶性硫酸盐与水泥水化过程中所产生的氢氧化钙、铝酸钙反应形成石膏及硫铝酸钙混合物。混凝土的硫酸盐侵蚀会引起混凝土膨胀性崩溃或粉化，降低其使用寿命。而高掺量粉煤灰水泥中，粉煤灰在水化过程中吸收大量的氢氧化钙，从而减少了硫酸盐和氢氧化钙反应的机会，也就相应的降低了硫酸盐的侵蚀。

(5) 防止钢筋锈蚀

许多混凝土中都要使用钢筋增强，而钢筋极易锈蚀，影响混凝土的寿命和质量。由于高掺量粉煤灰水泥pH较低，对氯离子的移动具有较大的阻力。因而，它可以给钢筋提供更好的保护，防止钢筋被锈蚀，从而提高混凝土的耐久性和使用寿命。

**2.1.1.2 高掺量粉煤灰水泥的主要原料**

1. 粉煤灰

粉煤灰的性能指标本书第3章有详细论述，这里不再赘述。

2. 石灰质原料

凡是以碳酸钙或氧化钙、氢氧化钙为主要成分的原料都可以称为石灰质原料，它可分为天然石灰质原料和人工石灰质原料（即工业废渣）两类。

生产水泥常用的天然石灰质原料有石灰岩、泥灰岩、白垩、贝壳等。我国大部分水泥生产企业使用石灰岩和泥灰岩。

石灰岩系由碳酸钙所组成的化学与生物化学沉积岩。主要矿物是方解石，并含有白云石、硅质（石英或燧石）、含铁矿物和黏土质杂质，是一种具有微晶或潜晶结构的致密岩石。纯的方解石含有56%的CaO和44%的$CO_2$，色白。在自然界中，因含杂质不同，颜色也呈灰白、淡黄、红褐或灰黑等。石灰岩一般成块状，无层理，常包含生物遗骸，结构致密，性脆，普氏硬度为8～10，有白色条痕，密度为2.6～2.8g/cm³，水分随气候而异，通常小于1.0%，耐压强度随结构和孔隙率而异，在30～170MPa之间，一般为80～140MPa。制造硅酸盐水泥用石灰石中氧化钙含量，应不低于45%～48%，以免配料困难。

水泥生产中所使用的人工石灰质原料，主要是一些工业废渣。如化工厂的电石渣，制糖厂的糖虑泥等。

3. 黏土质原料

天然黏土质原料有黄土、黏土、页岩、泥岩、粉砂岩及泥等。其中黄土与黏土用得最广，黄土与黏土都由花岗岩、玄武岩等经风化分解后，再经搬运或残积形成，随风化程度不同，形成的矿物也各异。

选择黏土质原料时，希望二氧化硅含量要高（在60%以上），碱含量要低，同时要有较好的塑性（塑性指数>12），黏土质原料的质量一般要求如下。

（1）硅酸率和铝氧率。对黏土质原料的硅酸率和铝氧率一般要求见表2-1。

黏土质原料的硅酸率和铝氧率一般要求　　　　　表2-1

| 类　别 | 硅酸率 | 铝氧率 | 类　别 | 硅酸率 | 铝氧率 |
|---|---|---|---|---|---|
| 一类 | 2.7～3.5 | 1.5～3.5 | 二类 | 2.0～2.7，3.5～4.0 | 不限 |

硅酸率低于2.7的二类黏土质原料，一般需要掺用硅酸率高的黏土原料，硅酸率高于3.5的二类黏土质原料一般需要掺用硅酸率低的黏土质原料。

（2）氧化镁（MgO）含量≤3%。

（3）碱含量（$K_2O+Na_2O$）≤4%。

（4）三氧化硫（$SO_3$）≤2%。

同时要求含砂量低，因为如果黏土中含有过多的石英砂，不但使生料难以粉磨，还会给煅烧带来困难。并且含砂量大，黏土的塑性差，对生料成球不利。因此，黏土中含砂量越少越好。

4. 校正原料

校正原料是为了增加生料中某些必要氧化物含量而选择的以该氧化物为主要成分的原料。校正原料通常分为铁质校正原料、硅质校正原料和铝质校正原料3种。

5. 复合催化剂

催化剂是在硅酸盐水泥生产过程中，为了加速各种结晶化合物的形成而外加的少量添加剂。其主要作用是提高反应物的化学活性，增加液相量，促进硅酸三钙的形成。

6. 石膏

石膏的主要作用是：1) 在水泥熟料生产中强化熟料生成新的化合物无水硫铝酸钙；2) 作为缓凝剂在水泥中添加；3) 作为粉煤灰的活化剂在水泥中添加。

7. 粉煤灰活化剂

当粉煤灰活化剂和生石灰及石膏配合使用时，可以大幅度提高粉煤灰的活性，对粉煤灰水泥还有早强作用，对粉煤灰水泥的后期强度的提高也有促进作用。

8. 助磨剂

助磨剂对粉煤灰主要起到物理活化的作用，对物料表面有润滑作用，可降低颗粒的强度和硬度，大幅度提高效率，使磨机产量提高，水泥颗粒级配更加合理。

#### 2.1.1.3 高掺量粉煤灰水泥的生产工艺

粉煤灰少熟料水泥生产工艺流程如图2-1所示。

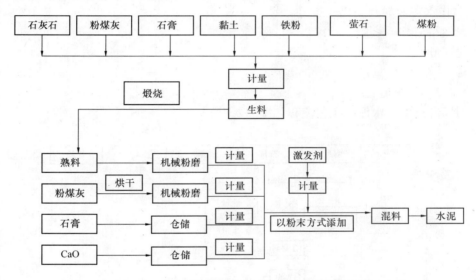

图 2-1 高掺量粉煤灰水泥生产工艺流程示意图

#### 2.1.1.4 高掺量粉煤灰水泥的性能

高掺量粉煤灰水泥各项性能测试结果如表2-2所示。可以看出，高掺量粉煤灰水泥密度较低，有合理的凝结时间和良好的安定性，水泥各龄期的水化热均较低，符合低热水泥的基本要求。对其各龄期强度测试发现，28d可到32.5级强度要求，但抗折强度明显优于普通水泥的标准值，具有良好的力学性能。

高掺量粉煤灰水泥的性能  表 2-2

| 高掺量粉煤灰水泥 | 密度 (g/cm³) | 细度 (%) | 标准稠度 (%) | 凝结时间（h：min） | | 安定性 | 水化热 (kJ/kg) | |
|---|---|---|---|---|---|---|---|---|
| | | | | 初凝 | 终凝 | | 7d | 28d |
| 物理性能 | 2.85 | 5.0 | 24.5 | 1：55 | 4：30 | 合格 | 175 | 225 |
| 力学性能 | 抗压强度（MPa） | | | | 抗折强度（MPa） | | | |
| | 3d | 7d | 28d | | 3d | 7d | 28d | |
| | 17.5 | 20.7 | 37.2 | | 3.2 | 4.3 | 7.5 | |

## 2.1.2 利用煤矸石生产水泥技术

### 2.1.2.1 煤矸石色来源、分类和特征
煤矸石的资源情况见第3章介绍。

### 2.1.2.2 利用煤矸石生产水泥的原料及配比

1. 制备生料的原材料及配比

| | |
|---|---|
| 石灰石 | 55%~73%; |
| 煤矸石 | 15%~25%; |
| 铁粉 | 3%~6%; |
| 无烟煤 | 9%~13%; |
| 矿化剂 | 0.6%~1.5%。|

2. 制作水泥原料及配比

| | |
|---|---|
| 水泥熟料 | 47%~72%; |
| 活化煤矸石 | 25%~45%; |
| 石膏 | 3%~8%。|

### 2.1.2.3 工艺流程
利用煤矸石生产水泥的工艺流程如图2-2所示。

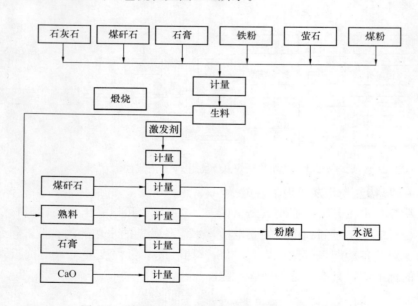

图 2-2 利用煤矸石生产水泥生产工艺流程示意图

### 2.1.2.4 煤矸石水泥的性能
利用煤矸石生产的煤矸石水泥的各种性能如表2-3所示。由水泥的性能指标可以看出，煤矸石水泥密度较低，有相对较低的标准稠度用水量，具有合理的凝结时间和良好的体积稳定性，水泥各龄期的水化热均较低，具有较好的物理性能；在力学性能方面，煤矸石水泥的早期强度较低，但随着龄期的发展，28d即可以达到32.5强度等级要求，同时后期仍有较好的强度增长。

煤矸石水泥的性能　　　　　　　　　　　　　　表 2-3

| 煤矸石水泥 | 密度 (g/cm³) | 细度 (%) | 标准稠度 (%) | 凝结时间（h：min） | | 安定性 | 水化热（kJ/kg） | |
|---|---|---|---|---|---|---|---|---|
| | | | | 初凝 | 终凝 | | 7d | 28d |
| 物理性能 | 2.9 | 3.5 | 24.5 | 1:45 | 4:18 | 合格 | 178 | 225 |
| 力学性能 | 抗压强度（MPa） | | | 抗折强度（MPa） | | | | |
| | 3d | 7d | 28d | 3d | 7d | 28d | | |
| | 15.8 | 25.4 | 37.6 | 3.6 | 5.5 | 8.0 | | |

### 2.1.3 其他水泥生产技术

#### 2.1.3.1 利用高炉渣生产水泥

1. 高炉矿渣性能

高炉矿渣的概况和性能见第 3 章介绍。

通常高炉渣加工成水渣、矿渣碎石、膨胀矿渣和膨胀矿渣珠等形式加以利用。水渣是将热熔状态的高炉渣置于水中急冷而成。有渣池水淬和炉前水淬两种方法。经水淬处理后的高炉矿渣变成疏松粒状，并具有优质潜活性、水硬凝胶性能，在水泥熟料、石灰、石膏等激发剂的作用下，能显示出优良的水硬胶凝特性。所以，全国水泥生产企业中约有 75% 的企业在水泥熟料中掺入水淬矿渣，经球磨后，生产出优质的矿渣水泥。矿渣水泥的质量系数、碱度和活性系数 3 个指标均达到普通硅酸盐水泥标准。因此，在建材行业中利用高炉水渣生产矿渣水泥的工业获得蓬勃发展。在水泥熟料中每掺加 1t 矿渣即可增产 1t 水泥，此外尚可节省能耗，节约矿产资源，从而降低了水泥的成本。

利用高炉水淬渣生产水泥的另一个优点是：一般水泥厂生产出的熟料，安定性不好，掺入高炉水渣后会明显改善水泥的安定性。

某厂高炉水渣的化学成分如表 2-4 所示。

某厂高炉水渣的化学成分　　　　　　　　　　　　表 2-4

| 系　　数 | | | 化学成分（%） | | | | | |
|---|---|---|---|---|---|---|---|---|
| 质量系数 | 活性系数 | 碱性系数 | $SiO_2$ | $Al_2O_3$ | $Fe_2O_3$ | CaO | MgO | MnO |
| 1.77 | 0.30 | 1.14 | 34.44 | 10.40 | 1.30 | 40.49 | 10.67 | 0.36 |

注：由于矿石的品位及冶炼生铁的种类不同，化学成分的波动较大。

我国大多数水泥厂生产矿渣水泥加入的高炉渣在 50% 左右，所生产出的矿渣硅酸盐水泥的强度等级在 42.5 级以上，用于生产矿渣硅酸盐水泥的水渣必须符合表 2-5 规定的技术要求，特别是高炉渣中 $Al_2O_3$ 的含量越高，高炉渣的活性越好。

用做水泥原料的高炉水渣技术要求　　　　　　　　　表 2-5

| 技术指标<br>等　级 | 碱性系数 | 活性系数 | 质量系数 | MnO（%） | S（%） |
|---|---|---|---|---|---|
| 一类 | ≥0.65 | ≥0.2 | ≥1.25 | <4 | <3.6 |
| 二类 | ≥0.5 | ≥0.12 | ≥1.0 | <4 | <3.6 |

2. 利用高炉渣生产水泥的配比

配比1：矿渣硅酸盐水泥

水泥熟料（%）　　　　　　　　　40～45；
水淬高炉渣（%）　　　　　　　　48～52；
石膏（%）　　　　　　　　　　　5～8。

配比2：普通硅酸盐水泥

水泥熟料（%）　　　　　　　　　85～90；
水淬高炉渣（%）　　　　　　　　7～15；
石膏（%）　　　　　　　　　　　2～3。

配比3：石膏矿渣水泥

水泥熟料（%）　　　　　　　　　5～8；
水淬高炉渣（%）　　　　　　　　77～85；
石膏（%）　　　　　　　　　　　10～15。

配比4：石灰矿渣水泥

水淬高炉渣（%）　　　　　　　　70～80；
石灰（%）　　　　　　　　　　　10～20；
石膏（%）　　　　　　　　　　　3～5。

3. 工艺流程（图2-3）

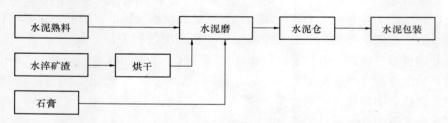

图2-3　利用高炉水渣生产水泥的工艺流程图

4. 生产工艺及特点

粒化高炉矿渣掺加在水泥熟料中，通过改变熟料、矿渣、石膏等的配比及水泥的细度，即能对水泥的强度等级有所改变。在掺加高炉矿渣的水泥中掺入石膏既可调节熟料的凝结时间，又可起到硫酸盐激发剂的作用，能有效地激发矿渣的活性。因此，石膏掺量既影响凝结时间，又影响水泥的早期强度，石膏的掺量随高炉矿渣的加入量、$Al_2O_3$含量和水泥粉磨的细度而相应增加。

5. 产品性能

配比1（矿渣硅酸盐水泥）共分为32.5、32.5R、42.5、42.5R、52.5和52.5R等6个强度等级，各类别各龄期强度不得低于表2-6的规定。

矿渣硅酸盐水泥各类别各龄期水泥强度指标　　　　表2-6

| 强度等级 | 抗折强度（MPa） | | 抗压强度（MPa） | |
| --- | --- | --- | --- | --- |
| | 3d | 28d | 3d | 28d |
| 32.5 | 2.5 | 5.5 | 10.0 | 32.5 |

续表

| 强度等级 | 抗折强度（MPa） | | 抗压强度（MPa） | |
| --- | --- | --- | --- | --- |
| | 3d | 28d | 3d | 28d |
| 32.5R | 3.5 | 5.5 | 15.0 | 32.5 |
| 42.5 | 3.5 | 6.5 | 15.0 | 42.5 |
| 42.5R | 4.0 | 6.5 | 19.0 | 42.5 |
| 52.5 | 4.0 | 7.0 | 21.0 | 52.5 |
| 52.5R | 4.5 | 7.0 | 23.0 | 52.5 |

矿渣硅酸盐水泥的密度（g/cm³）为2.8～3.0。其优点是具有较好的耐蚀性能；较好的耐海水性能；与钢筋粘合性能好；能保护钢筋不被锈蚀。缺点是早期强度较低；干缩性大，如养护不当易引起表面裂纹；泌水性差，易析出多余水分，形成毛细孔通道和粗大空隙。

配比2（普通硅酸盐水泥）水泥强度等级按规定龄期的抗压强度和抗折强度来划分，各强度等级水泥的各龄期强度不得低于表2-7中数值。

普通硅酸盐水泥各类型各龄期水泥强度指标　　　　表 2-7

| 强度等级 | 抗折强度（MPa） | | 抗压强度（MPa） | |
| --- | --- | --- | --- | --- |
| | 3d | 28d | 3d | 28d |
| 32.5 | 2.5 | 5.5 | 11.0 | 32.5 |
| 32.5R | 3.5 | 5.5 | 16.0 | 32.5 |
| 42.5 | 3.5 | 6.5 | 16.0 | 42.5 |
| 42.5R | 4.0 | 6.5 | 21.0 | 42.5 |
| 52.5 | 4.0 | 7.0 | 22.0 | 52.5 |
| 52.5R | 5.0 | 7.0 | 26.0 | 52.5 |

配比3（石膏矿渣水泥）水泥强度较低，适用于作水下混凝土建筑和各种预制砌块。其优点是成本低、具有较好的抗硫酸盐侵蚀和抗渗透性能；缺点是早期强度低，易风化起沙。

配比4（石灰矿渣水泥）水泥强度较低，适用于利用蒸汽养护的各种混凝土预制品、水下工程用混凝土和工业、民用砂浆等。

**2.1.3.2　利用页岩和页岩渣生产水泥**

页岩属于沉积岩分类中黏土岩的一种，含杂质较多，而页岩渣（即油页岩渣）则是指石油炼制产生的一种废物，它占有石油化学固体废物总量的3.3%。当油页岩加热到450℃时，油页岩就被气化而转变成页岩油，并产生膨体、多孔废料。因此它不仅含有残余的焦油、硫、氧、氮等物质，而且还含有毒性很大的3，4－苯并[a]芘，其含量高达18.9mg/L（其中70%为灰分），如果不处理就直接堆放在自然环境中会污染地表水、地下水和空气。用油页岩可以从中直接提取含量只有3%～5%的油，97%的页岩将被作为废渣排放，即为页岩渣。

1. 页岩和页岩渣的化学成分

页岩和页岩渣的化学成分见表2-8。

页岩和页岩渣的化学成分　　　　　　　　表 2-8

| 成分<br>种类 | $SiO_2$<br>（%） | $Al_2O_3$<br>（%） | $Fe_2O_3$<br>（%） | CaO<br>（%） | MgO<br>（%） | 烧失量<br>（%） | $Na_2O+K_2O$<br>（%） | 变形温度<br>（℃） | 软化温度<br>（℃） | 熔点<br>（℃） |
|---|---|---|---|---|---|---|---|---|---|---|
| 页岩 | 49.4~<br>72.4 | 13.94~<br>19.61 | 2.27~<br>8.42 | 1.77~<br>7.85 | 0.38~<br>2.01 | 2.2~<br>17.35 | — | | | |
| 油页岩渣 | 57.5~<br>62.9 | 20.0~<br>30.5 | 3.5~<br>11.6 | 0.66~<br>10.0 | 0.26~<br>2.0 | — | 0.65~<br>3.9 | 1290~<br>1350 | 1330~<br>1370 | 1380~<br>1400 |

由表 2-8 可以看出，页岩和页岩渣在成分和含量上差别不大，只是页岩渣成分中含有一定的毒素，处理时应给予注意，两者均具有良好的活性，是一种很好的建筑材料原料。

2. 页岩和页岩渣的物理性能

页岩硬度一般为普氏硬度系数 1.5~3.0，有些结构致密的页岩达 4~5，有的更高。随着页岩颗粒的组成不同，可塑性变化也较大，一般塑性指数在 7~15 之间，也有的可高达 25。

3. 配比

（1）配置生料，通常用来代替黏土作水泥原料生产熟料。

1）湿法配比

石灰石（%）　　　　　　　　　　64~67；

页岩或页岩渣（%）　　　　　　　26~30；

铁粉　　　　　　　　　　　　　　5~7。

2）干法配比

石灰石（%）　　　　　　　　　　82~83；

页岩或页岩渣（%）　　　　　　　9~13；

河沙（%）　　　　　　　　　　　6~7；

铁粉（%）　　　　　　　　　　　0.5~1。

（2）生产水泥

水泥熟料（%）　　　　　　　　　95~96.5；

石膏（%）　　　　　　　　　　　3.5~5.5。

4. 生产工艺及特点

湿法是将破碎、筛选达到一定要求后代替黏土作为水泥熟料的原料，然后将石灰石、页岩或页岩渣及铁粉按配比要求粉磨后，加入一定量的水制成生料，经煅烧而成熟料再加入石膏粉磨，达到一定的细度即为成品。干法是将原料按比例配比粉磨后制成生料，直接煅烧成熟料，然后加石膏粉磨即为水泥成品。

5. 产品性能

利用页岩或页岩渣生产的水泥质量较为稳定，性能可达到普通硅酸盐水泥各类型的指标要求。

## 2.2 混凝土新技术

### 2.2.1 高强度混凝土

一般认为，强度等级不低于 C50 的混凝土即为高强度混凝土。它是采用优质骨料，强度等级不低于 52.2 级的高强度等级水泥，较低的水灰比，在强烈振动密实作用下制取的。

#### 2.2.1.1 原材料的技术要求

1. 水泥

配置高强度混凝土，应采用矿物组成合理、细度合格的高强度等级水泥，但并非所有的水泥都能用于生产高强混凝土。一般常用规定强度等级较高的硅酸盐水泥或普通硅酸盐水泥，也有采用较高强度等级的矿渣水泥或矾土水泥。

生产高强度混凝土，胶凝物质的用量是至关重要的，它直接影响到水泥石与界面的粘结力。从施工要求来讲，也应具有一定的流动度，以满足施工要求。水泥含量一般应在 $500 \sim 700 kg/m^3$ 范围内。水泥用量不宜超过这个数量，水泥含量过高，易于引起水化期间散热太快或收缩量过大等问题。在满足要求的前提下，应尽量减少水泥用量，可以掺加一部分高质量的粉煤灰或其他粉状活性混合材，把放热和干缩的副作用降低到最低限度。

2. 粗骨料

粗骨料在混凝土组织结构中起主要骨架作用。粗骨料对混凝土强度的影响主要取决于以下因素：水泥浆与骨料的粘结力；骨料的弹性性质；混凝土拌合水上升时在骨料下方形成的"内分层"状况；骨料周围的应力集中程度等。对高强度混凝土来说，粗骨料的重要优选特性是：抗压强度、表面特征和最大粒径等。按规定，配置高强混凝土时必须采用强度指标大于 2 的粗骨料，所以，最好是采用致密的花岗岩、辉绿岩、大理石等作骨料。由于混凝土初凝时，水化水泥与粗骨料的粘结是以机械式的为主，所以要制备高强度混凝土，应采用立方形的碎石，而不是天然砾石。同时，粗骨料的表面必须干净而无粉尘，否则将影响混凝土内部粘结力。由于粗骨料的最大粒径与所制备的混凝土的最大抗压强度有一定的关系，通常采用粒径为 $1 \sim 1.5cm$ 的骨料可得到最大强度，采用标准为 $0.5 \sim 1cm$ 或 $0.5 \sim 1.5cm$ 规格的骨料最适宜。

3. 细骨料

混凝土拌合物用砂通常采用细度模数约为 3.0 的砂子，并尽可能地降低含砂率，这样可以避免混凝土过于干硬，便于现场浇灌。

4. 拌合用水

混凝土拌合水用量应降到最低限度，在绝大多数情况下配置高强度混凝土，一般水灰比都控制在 $0.28 \sim 0.35$ 左右。一般来说，如使用普通拌合水，$pH>4$ 即可使用；如果使用磁化水，混凝土强度可提高 $30\% \sim 50\%$。

5. 减水剂

减水剂（又称塑化剂），特别是高效减水剂，具有较高的减水率。掺入混凝土中，可提高混凝土的流动性。如果保持施工要求的流动性不变，则可通过减少单位用水量，降低混凝土混合物的水灰比，从而取得提高强度和密实度的效果。

**2.2.1.2 高强度混凝土施工工艺**

1. 搅拌工艺

施工工艺技术的影响，首先是搅拌。混凝土搅拌的目的，除了达到均匀混合以外，还要达到强化、塑化的作用。不同的投料顺序与搅拌方式，对混凝土拌合物的均匀性都有较大的影响。

采用强制式搅拌机、两次投料工艺拌和干硬性混凝土是配置高强度混凝土的重要工艺措施之一。两次投料法事先搅拌制砂浆，再投入粗骨料，制成混凝土混合料。采用这种投料方法时，砂浆无粗骨料，便于搅拌均匀；粗骨料投入后，易于被砂浆均匀包裹，有利于混凝土强度的提高。

2. 振动成型工艺

假如对混凝土混合物施加振动作用，则骨料和水泥颗粒将赋有加速度，而其值和方向都是变化的。适宜的振动可以降低混合物的黏度，使混凝土更加密实。实际上，采用振动加压、多频振动、离心成型或真空吸水、聚合浸渍等措施，都可提高混凝土强度。

3. 养护工艺

混凝土拌合物经振动密实、成型后，其凝结硬化过程在继续进行着，内部结构逐渐形成。为使已经密实成型的混凝土继续进行水化反应，必须采取养护措施，以建立水化反应所必需的介质温度和湿度。

养护工艺的方式很多，其中蒸压养护是提高混凝土强度的重要途径之一。干—湿热养护是目前较理想的一种工艺，其优点在于水泥混凝土的增强过程合理。在养护制度上采取适合于水泥特性的养护参数，也有利于混凝土强度的提高。

## 2.2.2 贫混凝土

贫混凝土主要在道路路面结构的基层、底基层以及一些机场道面结构中使用。这种混凝土骨料的品质是经过配制和控制的。其主要特点是"贫"，也就是其水泥含量很低（典型值为 $100\sim140kg/m^3$）。

贫混凝土分两类：一是干贫混凝土；二是湿贫混凝土。前者是干硬性的，一般情况下不能采用，只适于用振动式路碾或振动板使其密实。如用滑模摊铺机进行混凝土底基层铺筑，则需要很高的和易性。所以，一般用的较湿的、其水泥量也很低的混凝土就是湿贫混凝土。干贫混凝土的用途极广。

1. 骨料

当在混凝土中掺入细碎石时，会引起压实方面的问题，因此砾砂被广泛地用作细骨料。用碎石在技术上是没有问题的，但它需加其他的细骨料来调配，在实用中可能不经济，甚至会带来一些麻烦。

在普通混凝土中，粗骨料是一种常用材料，它包括气冷高炉矿渣，所以当地的砾石和碎石等骨料都是适用的。

2. 骨灰比

已经使用了许多年的大骨灰比拌合物，一般可分为两类，卵石混凝土的比例是

15∶1～20∶1（质量比）；碎石混凝土的比例是 18∶1～24∶1，这两种混凝土的当量强度相应值近似。最近，骨灰比倾向于限用 15∶1～20∶1（质量比）。然而按常理干贫混凝土作为基层时，只要满足实用的干硬性低水泥含量的任何混凝土配比都可以，主要是所需的强度、刚度和热性能都必须符合路面设计的要求。

3. 水灰比

一般来讲，水灰比在混凝土技术上是一个极其重要的参数，在干贫混凝土中就恰恰相反，很少提及。

含水量却是一个重要参数，它可以提供最佳的强度和密度。一般它约占固体质量的 5%～7%，对于骨灰比为 18∶1 的混凝土，水灰比约为 1.14。所以一般来讲，干贫混凝土的水灰比要比普通混凝土高得多。虽然我们知道水灰比不是影响混凝土强度的唯一因素，却是一个重要参数。虽然我们已知它的力学性能是很差的，然而我们也知道和易性和骨料体积浓度是有影响的因素，在其中这两个参数都已是极端值（正如干贫混凝土），我们采取一些措施，以弥补水灰比过高的影响并不少见。因此，通过适当的压实处理，干贫混凝土的 28d 立方强度可以达到 15～20MPa。

很显然，压实如此超干的混凝土是相当困难的，因此要用振动路碾；所选用的混合料含水量应使混凝土干到足以使振动路碾能正常工作的程度。

### 2.2.3 石膏混凝土

石膏混凝土是以气硬性石膏、水和骨料为主要原料，经搅拌、硬化而制成。它与混凝土的组成材料相似，只是胶结料使用石膏，与水泥混凝土相比，具有显著不同的性质。在骨料的种类、石膏混凝土的性质以及利用方法等方面都有独特之处。

#### 2.2.3.1 原材料的技术要求

1. 石膏

石膏的种类如表 2-9 所示，大体可以分为 6 种，其中和水拌合能够硬化的有 α 型半水石膏、β 型半水石膏、Ⅱ 型无水石膏等。这三种石膏的水化凝结反应、拌合物的流动性、硬化体的强度等各有特点。

石膏的种类　　　　　　　　　　表 2-9

| 类别 | 二水石膏 | α 型半水石膏 | β 型半水石膏 | Ⅰ 型无水石膏 | Ⅱ 型无水石膏 | Ⅲ 型无水石膏 |
|---|---|---|---|---|---|---|
| 分子式 | $CaSO_4 \cdot 2H_2O$ | $CaSO_4 \cdot 1/2H_2O$ | | $CaSO_4$ | | |
| 大气中的安定条件 | 常温 | 常温～250℃ | | 仅高温 | 常温～1000℃ | 绝干状态 |
| 和水拌合 | 少量溶解 | 快速水化凝结，5～20min 硬化 | | — | 在促凝剂作用下硬化 | — |
| 可能的凝结时间 | — | 数分钟～数小时 | | | 数十分钟～数十小时 | |

为使石膏凝结缓慢，可加入适量的塑化剂或缓凝剂；为了加速石膏凝结，可加入适量的促凝剂或采用磨细的二水石膏。

2. 骨料

骨料除使用珍珠岩、蛭石等轻质细骨料或天然砂以外，还使用植物纤维、动物的毛、石棉、木片等。最近有的还试用了多孔质人造轻料。

由于石膏表面很滑，粘结性弱，应该力求使用比表面积大或多孔质的骨料，以增加机械粘结力。卵石或碎石的附着面积相对较小，比重又大，不宜使用。

#### 2.2.3.2 施工要点

1. 施工和易性

石膏混凝土搅拌后的流动性，可根据骨料用量、水石膏比、骨料粒度分布等自由调节，但随着时间的增长，流动性会极大降低。对于α型半水石膏，如增加骨料量则可使缓凝剂的延缓效果显著减弱。需使用高效缓凝剂。而对于Ⅱ型无水石膏，由于强度增长快，如增加缓凝剂，强度会下降，因此要和减水剂并用。

2. 养护和强度增长

石膏混凝土的养护条件和强度增长的关系与水泥混凝土显著不同。石膏内水化凝结反应在短时间就结束，因此在硬化后石膏混凝土就具有了相当的强度，此后只是由于所含水分干燥而使强度继续增长，最终强度可达硬化后强度的2倍。因此，如施以强制干燥，强度增长更快，但因干燥而使强度的增长，不是随着水分的蒸发徐徐地进行，而是在接近干燥状态时急剧地产生。若进行水中养护，强度不增长。若长时期浸水，由于硬化的石膏是水溶性的，结构组织要发生分化，强度会逐渐下降。除水分的作用外，长期处于高温环境下，强度也会下降。当温度大于40℃时就可能出现问题。此外，降低搅拌温度也能提高强度。

3. 强度和容重

石膏混凝土的抗压强度，与水泥混凝土一样，也有水和石膏的比例关系。如适当选择水石膏比和骨料，在干燥状态就可自由调节40MPa以下的强度，比水泥混凝土更有利。但在允许应力度上，如作用水分，则必须以降低到接近一半的抗压强度作为基准，故以普通混凝土的1/3～1/4为限度。抗拉强度和拉剪强度对抗压强度的比与普通混凝土大致相同，为1/10左右，但粘结强度很低，主要根据摩擦阻力和机械粘结力来规定允许粘结强度。

4. 弹性模量

即使使用弹性模量较大的人造轻骨料，石膏混凝土的弹性模量也是较低的。和普通混凝土相比，在同一抗压强度下为1/2～1/3，如接触了水则还要降低几成。

5. 增强材料

由于石膏表面很滑，粘结力弱，因此石膏混凝土的粘结力也很小，用钢筋或金属网增强时，使用异型钢筋或加大表面比例的细孔网，在节点连接或焊接。关于金属增强材料的防蚀，可在石膏混凝土中掺入第三种物质，一般则以在增强材料上镀防蚀层来解决。

### 2.2.4 矿渣及全矿渣混凝土

矿渣混凝土是以矿渣碎石为粗骨料，普通砂为细骨料配制的混凝土。粗、细骨料均为矿渣则称全矿渣混凝土。用矿渣砂代替全部砂子，配制的砂浆称矿渣砂浆。它们有着不同于普通混凝土、砂浆的工艺特点及性能。

应用高炉矿渣作混凝土骨料，既有着节约能源、改善环境、开辟新型石材资源等综合社会效益，又有着极为显著的经济效益。

**2.2.4.1 原材料的技术要求**

1. 水泥

符合国家标准的 42.5 级、52.5 级普通硅酸盐水泥和 32.5 级矿渣硅酸盐水泥。

2. 高炉矿渣

高炉矿渣作为混凝土骨料，要求矿渣具有良好的结构稳定性、孔隙少、吸水率低、强度高。如果用来制造用离心法成型的钢筋混凝土电杆，则需严格控制其含铁量。否则，容易在制品表面出现花点铁锈斑。大致可以根据：1）化学成分与矿物组成；2）碱性率与活性率；3）物理、力学性能；4）矿渣的结构稳定性，来综合评定重矿渣的质量，并作为选择使用条件的依据。反过来又可根据不同用途，对四个方面的指标要求各有不同侧重。

作为矿渣混凝土骨料的首要条件是体积稳定性。影响矿渣体积稳定性的主要因素包括：

（1）硅酸盐分解：碱性矿渣含有较多的 $C_2S$（硅酸二钙），$C_2S$ 在加热或冷却过程中常伴生多晶转化。尤其是冷却至 673～525℃时会由 β—$C_2S$ 转变为 γ—$C_2S$，密度由 3.28kg/m³ 变成 2.79kg/m³，体积增大约 10%，晶体内应力致使出现粉末。但经长期的观察研究认为：重矿渣的硅酸盐分解在矿渣冷却后几天、甚至几小时内就基本结束。常温下长期堆存的陈渣，一般不再发生硅酸盐分解了。

（2）石灰分解与铁、锰分解，其方程式如下：

$$CaO+H_2O=Ca(OH)_2 \qquad FeS+2H_2O=Fe(OH)_2+H_2S$$
$$MnS+2H_2O=Mn(OH)_2+H_2S \qquad CaS+2H_2O=Ca(OH)_2+H_2S$$

产生 $Ca(OH)_2$、$Fe(OH)_2$、$Mn(OH)_2$ 的同时伴生体积效应，导致矿渣酥碎。

试验表明，即使含有 β—$C_2S$ 的重矿渣作混凝土骨料，不仅试块完好无损，而且后期强度增长率略高于普通碎石混凝土。这是因为重矿渣属微活性骨料，促进了混凝土后期强度的增长。

矿渣中总含硫量控制在小于 1.0%～1.5%，均可保证结构稳定性良好。经 1.1MPa，170℃恒温 8h 压蒸处理，试件未显现任何裂纹，证明用作混凝土骨料具有良好的结构稳定性。

（3）矿渣的抗冻性：虽然矿渣吸水率多数高于普通石料，但其饱和水系数低。多数在 0.6 以下，远低于 0.9。当水冻结成冰时，矿渣的孔隙率有缓冲膨胀的作用，不致产生很大内应力。因此，具有较好的抗冻性。

（4）矿渣的撞击强度：一般矿渣（结晶质，接近结晶密实体）均具有良好的抗冲击韧性。

3. 粗骨料

5～20mm 矿渣碎石，松散容重为 1240～1586kg/m³；20～40mm 矿渣碎石，松散容重为 1270～1485kg/m²；5～20mm 石灰石碎石，松散容重为 1435～1402kg/m³。

4. 细骨料

矿渣砂：5mm 以下细料，松散容重为 1349～1579kg/m³；7mm 以下细料，松散容重为 1390~1470kg/m³，平均粒径为 0.54mm。

河砂：中砂。

#### 2.2.4.2 矿渣混凝土工艺及施工

1. 矿渣碎石混凝土工艺特点

矿渣碎石的吸水率随着容重的减小而增加，变化幅度也较大，饱和吸水率处于 0.57%~4.65%之间（高于普通碎石的吸水率）。此外，矿渣碎石的孔隙率也多数高于普通碎石，其表面粗糙，内摩阻大。为此，宜采用下列措施以改善矿渣混凝土的和易性：

（1）适当提高砂率，以减少矿渣碎石颗粒间内摩擦阻力，减少泌水和离析倾向；

（2）由于矿渣碎石多孔，必然要从混凝土拌合物中吸取较多的水分，而使混凝土和易性变坏。为此，需补上附加水。附加水量相当于矿渣碎石从开始搅拌至浇灌这段时间所吸附的水分。所以只要砂率适当，就不会导致混凝土强度降低。

为了进一步改善和易性，激发矿渣的表面活性，提高混凝土强度、节约水泥，宜掺入适量木钙、萘磺酸盐甲醛缩合物之类的减水剂。

2. 矿渣砂浆及矿渣碎石混凝土施工要点

（1）矿渣砂浆施工要点

用于拌制砌筑与抹灰的矿渣砂浆，均要求矿渣砂通过 5mm 或 7mm 筛网。由于矿渣砂吸水率较高，为了防止矿渣砂浆失水太快，宜事先浇水润湿。

为了改善砂浆的和易性，应用粉煤灰、尾矿粉之类的掺和细粉与掺加减水剂是非常必要的。

掺和细粉不宜过多（一般为 120~160kg/m³），否则砂浆过分黏稠，不易施工。

（2）矿渣混凝土施工要点

由于矿渣混凝土需要掺入细粉和减水剂，组分增加，所以要延长搅拌时间。还应注意，每拌完一罐，应先加水转几圈后，再加粗、细骨料，最后加水泥。这样可以防止矿渣混凝土失水过快，又可避免混凝土粘罐现象。

浇灌时要均匀下料，注意不同位置的均衡振捣，防止集中一处振捣将水泥浆冲散，造成混凝土表面局部出现蜂窝、麻面。

大模板工程施工矿渣混凝土，其强度达到 0.8~1.2MPa，方可拆模。

### 2.2.5 灰砂硅酸盐混凝土

灰砂硅酸盐混凝土是以石灰与砂子为主要原料，这类混凝土都是在水热合成条件下产生强度，其内部的胶凝物质基本上是以水化硅酸盐类的矿物，所以称为硅酸盐混凝土。

1880 年，德国学者米哈依列斯提出了以石灰与砂子为原料，在蒸压釜中用高温饱和蒸汽处理的水热合成方法来生产建筑材料的建议。此后，首先是灰砂硅酸盐砖的生产在世界许多国家得到了迅速发展。近 1 个世纪以来，随着研究工作的不断深入，这种水热合成的硅酸盐材料性能不断改善、其应用范围也逐渐扩大。

目前，可以用这种材料制作密实混凝土，轻骨料混凝土，加气和泡沫混凝土，做成的制品种类繁多，诸如：砖、砌块、墙板、预应力构件等等。总之，除现浇工程外，几乎所有在工厂生产的建筑制品与构件，基本上都可以用灰砂硅酸盐混凝土制作，其性能完全可以同水泥混凝土制品媲美。

#### 2.2.5.1 原材料的技术性质

1. 石灰

（1）石灰活性

石灰中 CaO+MgO 的含量对于制品的质量十分重要。一般来说，石灰活性越高，灰砂硅酸盐混合料和其他硅酸盐混合料内达到一定数量的 CaO+MgO 的含量所用的石灰量就越少。但是这种高质量的石灰往往价格较高，而且不易获得。因此，在灰砂硅酸盐制品的生产实践中，石灰活性是指石灰中活性氧化钙和活性氧化镁含量的总和，一般要求石灰的活性大于 60%～70%即可。

（2）MgO 含量

MgO 在高温条件下也和 CaO 一样能与砂和其他含硅原料产生水化硅酸盐胶凝物质，计算石灰的活性时实际上也把它计算在内。但对于石灰中 MgO 的有害影响却要加以限制。在生产实践中，一般对于生产灰砂密实硅盐制品用的石灰，其氧化镁的含量不应大于 5%（称低镁石灰）。MgO 含量高的石灰，例如镁质石灰（MgO 含量为 5%～20%）和白云质石灰（高镁石灰，MgO 含量为 20%～40%）也并非不可以应用，不过此时应该降低石灰的煅烧温度，或者提高石灰的消化温度，使之完全消化后方可用于配料。

（3）过烧石灰含量

过烧石灰是指由于 CaO 在高温作用下（1400～1700℃）重结晶为粗大的氧化钙晶粒（大于 10μm 者），其含量以不大于石灰活性的 5%为宜。

（4）欠烧石灰含量

欠烧石灰是煅烧时没有分解完全或未分解的石灰石，即未分解的 $CaCO_3$。用于生产密实硅酸盐制品的石灰消化速度不应大于 30min，一般以小于 15～25min 为宜。当采用生石灰工艺方法制造硅酸盐制品时，石灰消化速度不宜大于 5min，消化温度一般应大于 50～70℃。

2. 硅质原料

作为制造蒸压硅酸盐混凝土制品的硅质原料，广泛使用的是砂和泡砂岩。其他原料如黄土、亚砂土、尾矿粉等亦可用来制作蒸压硅酸盐混凝土制品。

砂的矿物成分对于灰砂硅酸盐混凝土制品的强度影响很大。在生产中经常使用含石英矿物为主的砂。在因地制宜的原则下，也可使用长石砂或含长石矿物为主的砂。一般要求砂中 $SiO_2$ 的含量大于 60%～70%。对于制造高强度灰砂硅酸盐混凝土，砂中 $SiO_2$ 的含量宜大于 80%～85%。砂的级配好，空隙率小，填充于空隙中的胶结料（石灰或石灰砂混合磨细胶结料）就可以少掺。生产实践证明，不需要追求理想的级配，只要级配一般的天然砂均可使用。

砂中的黏土杂质含量一般不宜超过 10%。特别是蒙脱石含量不宜超过 4%。砂中云母含量以小于 0.5%为宜。

砂中水溶性碱类化合物（$Na_2O+K_2O$）按质量计不得超过 2%。砂中有机杂质的含量必须通过比色试验鉴定。砂的试验液颜色以不深于标准色为合格。砂中不得含有草根、树皮等杂质。

3. 外加剂

在灰砂硅酸盐制品生产工艺中，常采用下列类型的外加剂：

(1) 胶结料的快硬剂；
(2) 石灰的缓凝剂（水化延缓剂）；
(3) 混合料的塑化剂；
(4) 晶种。

碱（NaOH，KOH）、硫酸钠（$Na_2SO_4$）、硫酸钾（$K_2SO_4$）、氯化钙（$CaCl_2$）、氯化钠（NaCl）、氯化钾（KCl）、氯化铵（$NH_4Cl$）和盐酸（HCl）等可以作为快硬剂。其掺量通常为胶结料的 0.5%（按质量计）。提高掺量会出现相反的效果，如出现盐析，引起钢筋锈蚀等。

石膏作为缓凝剂具有重要的实际意义，加入活性石灰的 3%~5% 的石膏可以有效延缓石灰的水化凝结速度。同时，石膏在石灰消解过程中，可以减小氢氧化钙晶体尺寸 10~100 倍左右。这样，$Ca(OH)_2$ 的分散度增大，加强了它和 $SiO_2$ 之间的水热反应。

亚硫酸酒精废液同时也是混合料的塑化剂，其掺量为活性石灰的 0.1%~0.5%。

作为晶种掺料，一般是用废品加工而成的。例如，在制造灰砂硅酸盐砖时，就是掺入碎砖。碎砖按比例和石灰一道进行粉磨。碎砖细磨的细度要求在 $88\mu m$ 筛孔的筛上其筛余量不大于 15%~20%。碎砖的掺量一般为石灰质量的 10%~20%。

#### 2.2.5.2 石灰—砂胶结料的制备

灰砂胶结料（磨细生石灰和磨细砂）的制备方法可以分单独磨细和混合磨细两种。一般建议采用石灰与砂混合磨细的方法，因为这种方法能保证灰砂胶结料中磨细砂粒子高度均匀地分散在胶结料中。若采用生石灰工艺流程，在粉磨石灰或混磨灰砂胶结料时，还需加入活性石灰质量 5% 以内的二水石膏与之一起粉磨。

在入磨以前，块状石灰需在破碎机（颚式、反击式或辊式破碎机等）中破碎，破碎后的粒度不大于 20~30mm。同样，二水石膏亦需破碎到上述粒度。

需要磨细的那部分砂子可以预先在干燥筒内干燥（干燥后砂子的含水量不大于 2%~2.5%），然后按比例与碎石灰、二水石膏一起喂入球磨机中进行磨细。也可以用不经干燥的自然含湿状态的砂子（含水量为 5%~7%）按比例与碎石灰、二水石膏在搅拌机中混合。然后将这种混合料在料斗中存放 2h 左右，使部分石灰吸收砂中的水分而消化，而砂子也因石灰的吸湿作用而被干燥。这样就可以不需要干燥筒，使流程简化。然后将这种部分消化后的灰砂混合料送入球磨机中磨细到规定细度即得到所需要的灰砂胶结料。

磨细后的灰砂胶结料活性应控制在 25%~45% 范围内，胶结料的细度越高，其活性应越大。

由于商品石灰或自烧石灰的质量波动较大，常使灰砂胶结料的活性及消化速度变化较大。为了使生产过程稳定，产品质量均匀，工艺控制容易，可以采用空气搅拌装置或空气、机械联合作用的搅拌装置将灰砂胶结料匀化后再使用。

### 2.2.6 碱矿渣高强度混凝土

#### 2.2.6.1 碱矿渣混凝土的理论基础

众所周知，粒化高炉矿渣的主要成分为 $Al_2O_3$、CaO 和 $SiO_2$，一般可达 90% 以上。其中，碱性矿渣的活性高于酸性矿渣。通常情况下，它是一种玻璃结构，玻璃体含量一般在85％以上，故它有较高的潜在活性。但是，矿渣的活性只有通过激发剂激发后才能较好地发挥出来。目前广泛应用的方法是用二价金属化合物——石灰和石膏作为激发剂。它呈碱性反应，在温室和常压蒸气养护下，一般生成C—S—H（B）。而碱矿渣混凝土的特点在于激发剂采用碱金属化合物（即一价金属化合物），一般它比碱土金属化合物（即二价金属化合物）有着更强烈的碱性反应。要使矿渣具有一定胶凝性质，其基本条件是要具备碱性介质。矿渣中加入碱金属化合物是参加反应的组成材料之一。

碱金属和碱土金属氧化物和氢氧化物的碱活性可按下列顺序排列：Cs、Rb、K、Na、Li、Ba、Sr、Ca、Mg，介质pH和氢氧化物的溶解度由左往右顺序降低。从碱活性排列顺序中可以看出，苛性碱是强烈的碱性物质。因此，以它为主要材料同碱土金属氢氧化物为主要材料一样，可以制得水硬性胶凝物质。本章中着重介绍$Na_2SiO_3$及含碱（NaOH、$Na_2SiO_3$）工业废料在碱矿渣混凝土中的活性反应。

由于矿渣中含有较高的CaO，当加入$Na_2SiO_3$及含碱（NaOH、$Na_2SiO_3$）的工业废渣后，系统中有一定的$Na^+$存在，可以把反应组分视为碱质—碱土质铝硅酸盐的分散系统来进行分析研究。在整个胶体系统中，存在着碱金属氢氧化物（NaOH）、碱土金属氢氧化物（$Ca(OH)_2$）、呈酸性的氧化物（$SiO_2$）以及两性氧化物（$Al_2O_3$）。

一般来说，碱质—碱土质铝硅酸分散系统凝聚成耐水性生成物过程的动力学，可以用胶体的静电性观点来解释。系统中硅酸水溶液带有负电荷，多价金属水溶液带正电荷，相互作用，使粒子产生凝聚作用，凝胶状粒子吸附存在于系统内的$Na^+$，最终发生碱性化合物的合成，包括系统内的结晶过程。

还应指出，铝阳离子会对碱性的硅酸水溶液产生强烈的凝聚作用，然后凝聚成耐水的碱性化合物。每摩尔$Al_2O_3$能俘获1.0～1.5摩尔碱金属氧化物，从而成为非溶性新生产物，而且往往以四组分形式（$R_2O \cdot Al_2O_3 \cdot SiO_2 \cdot H_2O$）的矿物存在。

碱土金属氧化物［$Ca(OH)_2$］也能与呈酸性的硅酸水溶液和氧化铝发生凝聚作用，并生成凝胶。在凝胶体中，含有碱土和碱金属氧化物，从而合成以五组分形式（$R_2O \cdot RO \cdot Al_2O_3 \cdot SiO_2 \cdot H_2O$）存在的矿物。

由上述可见，含有水硬胶凝性质的碱金属化合物的混合物是水化作用的必要条件。此外，水化产物组成中还要有两性金属阳离子（$Al^{3+}$），它在水化过程中与$SiO_2$结合生成凝胶，这样有助于碱的结合。

粒化矿渣的结构以玻璃体为主，一般在85％以上，且$Al_2O_3$含量也比较高，一般为10％以上。由此可知矿渣用碱物质（包括含碱工业废料）来进行激发制造碱矿渣混凝土的机理。

碱矿渣胶凝材料经水化反应后，除了生成低碱度的水化硅酸钙以外，还生成沸石类的水化硅铝酸盐，这与自然界中有关矿物形成是相符的。

从地质学原理可知，沉积生成的沸石类矿物，如方沸石，是在自然界中低温水热反应而形成的。它的矿物组成主要是由不同结构和变体的水化硅铝酸盐。自然界中的方沸石往往以晚期结晶的原生矿物产出在中基性岩或碱性岩中，其形成温度一般不超过100℃。因此，在沉积岩中，它以自生矿物产出。

综上所述，碱矿渣混凝土之所以有水硬胶凝性质和良好的物理力学指标，其原理上可视为模拟自然界沸石类矿物的形成条件而形成的。

#### 2.2.6.2 碱矿渣胶凝材料的配制

碱矿渣胶凝材料是矿渣通过碱性激发后,生成沸石类的水化硅铝酸盐。因此,如何选择水玻璃模数、掺量及调节凝固时间,成为碱矿渣胶凝材料的技术关键。

1. 水玻璃模数、掺量以及养护条件对强度影响

将磨细矿渣与不同掺量和模数的水玻璃及适量的水拌合,制备试件,养护至规定龄期,其浆体的抗压强度如表 2-10 所示。

配合比及养护工艺对抗压强度的影响　　表 2-10

| 序号 | 水玻璃 模数 | 掺量(%) | 养护条件 | 抗压强度(MPa) 3d | 7d | 28d |
|---|---|---|---|---|---|---|
| 1 | 0.8 | 10 | 标准养护 | 29.5 | 35.3 | 49.8 |
| 2 | 1.0 | | | 33.2 | 38.2 | 58.2 |
| 3 | 1.5 | | | 25.5 | 31.7 | 42.5 |
| 4 | 2.0 | | | 9.0 | 25.2 | 39.8 |
| 5 | 1.0 | 5 | 普通养护 | 21.7 | 30.0 | 46.6 |
| 6 | | 8 | | 26.8 | 35.1 | 52.2 |
| 7 | | 10 | | 33.2 | 38.2 | 58.2 |
| 8 | | 15 | | 27.0 | 35.3 | 51.0 |
| 9 | 1.0 | 10 | 空气中 | 29.0 | 35.3 | 51.5 |
| 10 | | | 标准养护 | 33.2 | 38.2 | 58.2 |
| 11 | | | 水中 | 30.0 | 34.8 | 44.4 |

注:1. 全部试件 $W/C=0.26$。
　　2. 水中养护温度为 $20\pm2℃$。

由表 2-10 可见,1~4 号试样中,水玻璃掺量一定(10%)时,水玻璃的模数对浆体的强度影响较大,从试验结果来看,1.0 为最佳模数;5~8 号样品中,水玻璃模数为 1.0,掺量由 5%~15%之间变化。浆体强度随着掺量的增加而提高,但当掺量增至 15%时,浆体的抗压强度反而下降,故水玻璃最优掺量为 10%;9~11 号样品用三种养护制度养护,对早期强度影响不大,但从 28d 强度来看,还是标准养护好。

2. 凝结时间的调整

采用上述试验结果模数为 1,掺量为 10%的水玻璃制备碱矿渣水泥胶凝材料,初凝及终凝时间均很短,故需要掺入一定量的可溶性碳酸盐;调节其凝结时间如表 2-11 所示。

凝结时间的调整　　表 2-11

| 序号 | $Na_2CO_3$ 含量(%) | 初凝(min) | 终凝(min) |
|---|---|---|---|
| 1 | 0 | 8 | 38 |
| 2 | 0.05 | 17 | 44 |
| 3 | 0.1 | 22 | 58 |

由表 2-11 可见,掺入 0.1% 的 $Na_2CO_3$,使初凝时间由 8min 延长至 22min,终凝时间由 38min 延长至 58min。可见掺入可溶性碳酸盐($Na_2CO_3$),可以调节凝结时间,这是因为 $CO_3^{2-}$ 与矿渣表面溶出 $Ca^{2+}$ 反应,形成 $CaCO_3$ 沉积包裹在颗粒表面,起到阻止矿渣水化作用。

碱矿渣胶结料的最优配合比选择出来以后，就可以按照混凝土的配制规律选择混凝土的配合比了。碱矿渣混凝土的粗骨料可以用石灰岩碎石、花岗岩碎石；细骨料可用中砂、粉砂，其含泥量范围较宽。

#### 2.2.6.3 碱矿渣高强混凝土的物理化学及力学性能

1. 吸水率

碱矿渣高强度混凝土的吸水率很低。吸水率反映混凝土中孔隙空间体积的大小，吸水率低，说明混凝土密实性高。

2. 软化系数

碱矿渣高强度混凝土的软化系数在 0.85~0.94 之间，其耐水性良好。混凝土在浸水饱和以后，由于水分子楔入劈裂作用，其强度都有所降低。材料的软化系数即表征它的耐水性能，软化系数大于 0.85 者，属于耐水材料。

3. 抗冻性

有资料报道，碱矿渣混凝土能达到 300~1000 次冻融循环，而对普通混凝土只能达到 300 次。杨伯科试验碱矿渣混凝土的冻融 207 次质量基本无变换。说明碱矿渣混凝土的抗冻性能良好。

4. 抗碳化性能

碱矿渣混凝土的抗碳化性能试验是在人工碳化箱中进行的，温度为 20±3℃，相对湿度为 70%±5%，$CO_2$ 浓度为 20±3%。试验结果如表 2-12 所示。

碱矿渣混凝土的碳化试验　　　　　表 2-12

| 序　号 | | 1 | 2 | 3 | 4 |
|---|---|---|---|---|---|
| 碳化前抗压强度（MPa） | | 21.7 | 39.9 | 43.0 | 54.0 |
| 碳化 3d | 抗压强度（MPa） | 20.1 | 38.1 | 46.0 | 57.0 |
| | 碳化深度（mm） | 14.3 | 11.2 | 12.3 | 8.8 |
| 碳化 7d | 抗压强度（MPa） | 20.0 | 37.7 | 45.7 | 54.2 |
| | 碳化深度（mm） | 21.8 | 17.5 | 16.5 | 13.5 |
| 碳化 14d | 抗压强度（MPa） | 19.8 | 37.5 | 45.5 | 54.2 |
| | 碳化深度（mm） | 30.0 | 23.0 | 20.6 | 19.1 |
| 碳化 28d | 抗压强度（MPa） | 17.8 | 38.7 | 45.8 | 57.4 |
| | 强度变化（%） | −17.8 | −3.6 | +6.5 | +6.3 |
| | 碳化深度（mm） | 40.7 | 34.0 | 27.6 | 23.8 |

结果表明，低强度的碱矿渣混凝土的碳化速度快，碳化深度大；高强度的碱矿渣混凝土则相反。这是由于后者结构致密所致。

碳化 28d 时，对 C40、C50 的碱矿渣混凝土的强度还稍有增长；对 C30 的碱矿渣混凝土几乎没有变化；而对 C20 碱矿渣混凝土的强度降低了 17.9%［<20%（规定值）］，而且几乎完全被碳化。

应当指出的是，人工碳化和自然碳化是很不同的。根据 Smolosyk 的观点，碳化深度为 20mm 的自然碳化，对 C20 的普通水泥混凝土要 7 年，而对 C40 混凝土则要 64 年，碳化速度比普通混凝土更慢，更安全。

### 5. 抗渗性

抗渗性试验按 GBJ82—85 进行，渗透深度将经过渗透试件劈开来测定。结果如表 2-13 所示。

由表 2-13 可见，碱矿渣混凝土能达 S35～S40 不渗透，比普通混凝土的抗渗性（S16～S20）要好得多，也比掺硅灰的高强度水泥混凝土（S16～S20）好。

碱矿渣混凝土抗渗性试验　　　　　　　　　　　表 2-13

| 序号 | 抗压强度（MPa） | 渗透压力（MPa） | 等级 | 实验条件与结果 | 渗透深度（mm） |
|---|---|---|---|---|---|
| 1 | 26.5 | 3.5 | B35 | 升压至 3.5MPa 停 8h，试件周边渗漏 | 10 |
| 2 | 52.4 | 4.0 | >B40 | 一个试件在 3.8MPa 压力时渗漏，剩余 5 个试件在 4.0MPa 压力下不透水 | 2～3 |
| 3 | 52.4 | 4.0 | >B40 | 6 个试件在 4.0MPa 压力下 16h 不透水 | 2～3 |
| 4 | 99.0 | 4.0 | >B40 | 6 个试件在 4.0MPa 压力下 16h 不透水 | 1 |

### 6. 化学侵蚀性

用硫酸镁及酸溶液对碱矿渣混凝土进行了腐蚀试验，结果如表 2-14 所示。

碱矿渣混凝土化学侵蚀试验　　　　　　　　　　表 2-14

| 试验期限 | 24 个月 | | | | | | 6 个月 | | 1 个月 | |
|---|---|---|---|---|---|---|---|---|---|---|
| 侵蚀介质 | pH=2 的 HCl | | 2% 的 $MgSO_4$ | | 10% 的 $H_2SO_4$ | | 10% 的 $MgSO_4$ | |
| 抗压强度（MPa） | 原始 | 试验后 | 原始 | 试验后 | 原始 | 试验后 | 原始 | 试验后 |
| | 82.4 | 122.8 | 80.6 | 112.2 | 87.7 | 54.2 | 96.8 | 101.9 |
| 强度变化率（%） | +48.3 | | +39.2 | | −38.2 | | +5.27 | |

由表 2-14 可见，在 2% 的 $MgSO_4$ 溶液中及 pH=2 的稀酸溶液中，试件强度不但没有降低，反而大幅度提高，说明碱矿渣混凝土有良好的抗硫酸侵蚀能力。这是因为碱矿渣混凝土结构致密，有害孔少，而且不存在 $Ca(OH)_2$ 等高碱性水化物，在硫酸盐作用下不可能生成石膏或钙矾石，因此，其抗硫酸盐侵蚀能力特别好。由于结构致密，稀酸对混凝土的侵蚀作用小于混凝土本身的结构形成作用，因此，混凝土的结构增长。但在浓酸中碱矿渣混凝土则受到严重腐蚀。

### 7. 护筋性

为加速碱矿渣混凝土中钢筋的锈蚀，采用浸烘方法。试验结果如表 2-15 所示。

碱矿渣混凝土的护筋性　　　　　　　　　　　　表 2-15

| 编号 | 抗压强度（MPa） | pH 值 | 循环次数 | 试验前钢筋重（g） | 试验后钢筋重（g） | 失重（g） | 失重率（%） |
|---|---|---|---|---|---|---|---|
| 1 | 100.7 | 12.34 | 75 | 25.7782 | 25.7721 | 0.0061 | 0.24 |
| 2 | 86.9 | 12.24 | 75 | 26.1245 | 26.1198 | 0.0047 | 0.18 |
| 3 | 69.0 | 12.29 | 75 | 23.8101 | 23.8017 | 0.0084 | 0.35 |
| 4 | 59.4 | 11.93 | 75 | 26.9286 | 26.9214 | 0.0072 | 0.27 |
| 5 | 21.8 | 11.97 | 75 | 26.0241 | 26.0158 | 0.0083 | 0.32 |
| 6 | 35.3 | 12.17 | 48 | 20.2894 | 20.2828 | 0.0066 | 0.33 |
| 7 | 36.8 | 12.29 | 48 | 22.7938 | 22.7855 | 0.0087 | 0.37 |
| 灰砂混凝土 | 30～40 | 11.95 | 45 | — | — | | 1.29 |
| 水泥砂浆 | 30～40 | 12.32 | 45 | — | — | | 1.80 |

由于混凝土具有足够的碱性,抗渗性优异,护筋性是良好的。经48~75次循环破坏后,试件中钢筋无任何变化,失重率极低,基本上未受腐蚀。

8. 碱矿渣混凝土的力学性能

碱矿渣混凝土的硬化速度很快,属于快硬与超快硬混凝土。有的1d强度达68.1MPa;2d强度可达106.8MPa。这种强度增长率,普通混凝土是无法比拟的。测定了高强碱矿渣混凝土的快硬性,2h强度可达8.3MPa,10h可达34.1MPa。矿渣混凝土的力学性能如表2-16所示。这表明碱矿渣高强混凝土在抢修工程中有广阔的应用前景。碱矿渣混凝土后期强度继续提高,没有倒缩现象。

矿渣混凝土的力学性能　　　　表2-16

| 序号 | 抗压强度<br>(MPa) | 劈拉强度<br>(MPa) | 抗折强度<br>(MPa) | 轴压强度<br>(MPa) | 钢筋粘结力<br>(MPa) | 弹性模量<br>($\times 10^4$MPa) |
|---|---|---|---|---|---|---|
| 1 | 25.6 | 2.80 | 4.62 | 21.6 | 3.94 | 3.18 |
| 2 | 36.1 | 3.26 | 5.98 | 28.7 | 4.86 | 3.18 |
| 3 | 52.9 | 4.04 | 6.71 | 46.6 | 6.00 | 3.77 |
| 4 | 61.2 | 4.10 | 7.87 | 49.6 | 5.48 | 3.89 |
| 5 | 76.5 | 4.22 | 7.50 |  | 6.05 | 4.01 |
| 6 | 81.6 | 4.58 | 4.43 | 64.6 | 6.21 | 3.82 |
| 7 | 91.2 | 4.71 |  | 78.6 |  | 3.62 |
| 8 | 120.5 | 5.58 |  | 99.6 |  | 2.95 |

由表2-16可见,随着碱矿渣混凝土抗压强度的提高,劈拉强度也随之提高,但速度很慢。导致拉压比下降。说明碱矿渣混凝土和普通混凝土一样,均属脆性材料。随着抗压强度的提高,脆性增大碱矿渣混凝土的折压比为0.180~0.091,随着抗压强度的提高,折压比下降。碱矿渣混凝土的轴压比在0.791~0.881之间。弹性模量[(3.18~4.01)$\times 10^4$MPa]比普通混凝土略高。钢筋粘结强度也高于普通混凝土。

## 2.3 新型墙体材料

### 2.3.1 新型墙体材料概述

#### 2.3.1.1 概述

新型墙体材料主要是指以非黏土为原料制造的墙体材料,主要是用混凝土、水泥、砂等硅酸质材料,有的再掺加部分粉煤灰、煤矸石、炉渣等工业废料或建筑垃圾,经过压制或烧结、蒸养、蒸压等制成的非黏土砖、建筑砌块及建筑板材。现阶段国家规定孔洞率大于25%的非黏土烧结多孔砖及空心砖、混凝土空心砖及空心砌块、加气混凝土砌块、多种轻型墙板以及原料中不少于30%的工业废渣、江河湖海淤泥的墙体材料等为新型墙体材料。

虽然新型墙体材料与传统墙体材料有着千丝万缕的联系,但相比而言,具有如下基本特征。

(1) 一般具有质轻或比强度高的特点,有利于建筑节材。

(2) 具有隔热、防水、抗震等多重性能，可节约建筑物的维护和使用费用。

(3) 具有节约土地和保护环境的双重功效。使用工农业废料作原料，是许多新型墙体材料的共同特点，这不仅可减轻这些废料对环境的污染，而且可将砖瓦生产用地和废料占地都节省下来。

(4) 实用新型墙体材料有利于建筑施工机械化和建筑业的工业化。新型墙体材料一般规格多样且易于后加工，生产方式多采用连续化工厂生产。因此，砌筑、安装方便快捷，便于实现工厂—工地的连续作业和机械化施工。

(5) 具有吸声、防潮、防火、耐蚀、美观等功能，有利于提高建筑物的舒适度，是现代高标准建筑不可或缺的材料。

#### 2.3.1.2 分类

由于目前新型墙体材料仍处于一个迅猛发展时期，新技术、新工艺、新产品不断涌现，与此同时，有些产品正面临淘汰，现在新型墙体材料按原材料、制造工艺及产品样式为依据可分为烧结砖类、建筑砌块、建筑板材类等，如图2-4所示。

### 2.3.2 砌墙砖

烧结多孔砖和烧结空心砖是以黏土、页岩、煤矸石、粉煤灰等为原料，经成型、干燥、焙烧而成的制品。孔洞率≥25%时称为烧结多孔砖，孔洞率≥40%时称为空心砖（砌块）。孔可为矩形孔、圆孔等。

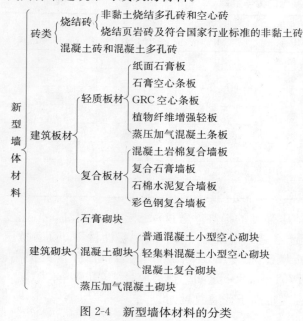

图2-4 新型墙体材料的分类

1. 原材料及技术要求

(1) 黏土质岩石

黏土质岩石是由黏土经沉积、成岩乃至浅变质以后形成的岩石，其化学成分基本与原黏土相同，矿物成分与原黏土也基本相似，所不同的仅仅是结构比较致密，黏土矿物的塑性需要经过充分破碎才能释放出来。

烧结砖瓦用的黏土岩主要有页岩、泥岩、泥板岩、叶板岩和少量的千枚岩。根据黏土矿物的含量，可划分为碳质、硅质、钙质等。

(2) 黏土质工业废料

1) 煤矸石

煤矸石包括煤矿的掘井矸石和洗选矸石，实质上是一种含碳岩石和其他岩石的混合物。其中热值较高的黏土质、页岩质煤矸石是生产砖瓦的良好材料。煤矸石的主要矿物相为黏土矿物，以高岭石和水云母为主，蒙脱石和绿泥石次之。此外，常含有方解石、白云石、菱铁矿、硬水铝石、一水软铝石、三水铝石、黄铁矿和碳粒等。

煤矸石中的主要有害杂质为黄铁矿，不但易引起制品爆裂和起霜，而且分解后生成的

$SO_2$ 气体，对生产设备造成腐蚀并污染环境。因此，用于生产砖瓦的煤矸石，要求其 $SO_2$ 不能大于 1%。

2）粉煤灰

粉煤灰是火电厂除尘系统排出的燃料废渣，呈细粉状。其主要成分为无定形的铝硅酸盐玻璃，以及少量莫来石、磁铁矿、金红石、长石、红柱石等矿物和未燃尽的碳粒。

粉煤灰的颗粒表面具有多孔结构，对水有很强的吸附能力，表观密度为 $2.0\sim2.4g/cm^3$，松散干密度为 $550\sim650kg/m^3$，比表面积为 $2150\sim3900cm^2/g$，孔隙率为 $60\%\sim75\%$。

由于粉煤灰不具有可塑性，采用挤出成型时，必须用粘结剂将其粘合。当采用黏土作黏结剂时，粉煤灰的掺加比例可以达到 50%（质量分数）。当用水玻璃作粘结剂时，可以达到 90% 以上。

3）赤泥

赤泥是炼铝工业处理铝土矿后的固体废渣，主要矿物成分为水铝石、针铁矿、赤铁矿、硅酸钙铝、硅酸镁铝等，因含较多的氧化铁而呈赤红色。与粉煤灰一样，赤泥本身也不具有可塑性，用黏土作粘结剂，可以产配 25% 的赤泥制的、优质的烧结砖。若在配料中加入一定量的固水材料，如皂土、硅胶、氧化铝凝体或煤泥、锯末、废纸、废纤维等，赤泥的掺加量可以达到 50%～90%。

黏土原料中掺加赤泥，不仅可以提高制品的颜色鲜艳度，还可以提高干坯强度，降低烧成温度。

4）磷渣

磷渣是制磷工业的废渣，每生产 1t 磷，约排放磷渣 8～10t。磷渣的化学成分如表 2-17 所示。

磷渣的化学成分　　　　　　　表 2-17

| 化学成分 | CaO | $SiO_2$ | $Al_2O_3$ | $Fe_2O_3$ | $P_2O_5$ |
|---|---|---|---|---|---|
| 含量（%） | 42～52 | 40～43 | 2～5 | 0.2～1.0 | 0.8～2.0 |

黏土原料中掺入 40% 左右的磷渣，可以提高制品强度，降低焙烧收缩率，消除制品的褪色现象。

5）铬渣

铬渣是生产金属铬和铬盐的废渣，铬渣的主要矿物成分为方镁石、硅酸钙、布氏石和少量的残余铬铁矿。在黏土原料中掺入 40% 的铬渣，采用烧青砖的工艺，在高温还原气氛下烧结后，不仅可以得到高强度的砖，还可以消除六价铬盐对环境的危害。

6）污泥

从下水道或污水处理厂收集到的沉积淤泥，采用适当方式将水分降低到 50% 以下，与干黏土配料，采用隧道式干燥焙烧窑烧结，不仅可以得到高质量的轻质保温砖，而且充分利用污泥中可燃的有机物热量，同时避免挥发性臭气污染环境。

（3）添加料

在制砖瓦过程中，为了改变基本原料的工艺特性或提高产品质量所加入的辅助原料，按其功能可划分为内燃料、塑化料、瘠化料、强化料、助燃料、扩展烧结范围料、着色料、抗起霜料、抗冻料等。

2. 生产工艺

烧结黏土砖瓦的生产工艺主要包括原料采掘、运输、坯料制备、成型、干燥、焙烧、检验等过程。

工艺的选择主要取决于以下因素：

(1) 原料的种类。较软的黏土质页岩、泥灰岩和高岭土含量较高的黏土，适合于硬塑成型；塑性良好的黏土和黏土含量较高的黏土岩，适合于较软成型；瘠性较大的砂质壤土、粉煤灰等适宜采用半干压成型。

(2) 原料的可塑性。对于塑性较高的原料，需掺入瘠化料；对于塑性较差的原料，除需加入塑化料外，还可以通过加强制备（风化、粉磨、陈化、真空处理、蒸汽处理等）提高其成型性能。

(3) 原料的自然含水率。自然含水率高的原料，就不能选用半干压或硬塑成型，否则需额外增加黏土的干燥设备。对于硬塑成型原料，在矿山的含水率不宜超过14%。

(4) 原料的粒度和硬度。块形较大或较硬的原料，需采用多级或一级破碎；含杂质和石块较多时，就需要安装剔除、净化设备或通过细碎将其变成粉末。

(5) 原料的干燥敏感性。敏感性大的原料，应充分风化、陈化，并加入瘠化料调整，或通过蒸汽处理，降低成型水分，采用慢速干燥和节律干燥以防止干燥裂纹。

(6) 当地气候。寒冷地区应考虑冻土融化问题；多雨地区需建设足够大的存土房和足够能力的送、排风系统；夏季炎热地区必须按最高温度选择烟囱和烟道尺寸。

(7) 制品类型。不同制品对于泥料的细度有不同的限度，对于空心制品和瓦，需要使用细磨设备。另外不同的制品，需要不同的机械结构、码放方式、干燥制度和焙烧制度。

3. 产品形式及标准要求

(1) 多孔砖

大面有孔，孔洞率≥25%，孔小而多，孔洞方向与受力方向平行的砖，称为多孔砖。

根据国家标准（GB 13544—2000）规定，烧结多孔砖按主要原料分为黏土砖（N）、页岩砖（Y）、煤矸石砖（M）和粉煤灰砖（F）。主要尺寸规格长度、宽度和高度应符合290，240，190，180；175，140，115，90的要求。根据抗压强度分为5个等级，如表2-18所示；根据尺寸偏差、外观质量、孔洞形状及其结构、返霜、耐久性等划分为3个等级，如表2-19所示。

强 度 等 级　　　　　　表 2-18

| 强度等级 | 抗压强度平均值（MPa） $f\geq$ | 变异系数 $\delta\leq0.21$ 强度标准值（MPa） $f_x\geq$ | 变异系数 $>0.21$ 单块最小抗压强度值（MPa） $f_{min}\geq$ |
| --- | --- | --- | --- |
| MU30 | 30.0 | 22.0 | 25.0 |
| MU25 | 25.0 | 18.0 | 22.0 |
| MU20 | 20.0 | 14.0 | 16.0 |
| MU15 | 15.0 | 10.0 | 12.0 |
| MU10 | 10.0 | 6.5 | 7.5 |

质 量 等 级　　　　　　　　　　　　　表 2-19

| 项　　目 | | 优等品 | 一等品 | 合格品 |
|---|---|---|---|---|
| 尺寸偏差 | 290、240 | ±2.0 | ±2.5 | ±3.0 |
| | 190、180、175、140、115 | ±1.5 | ±2.0 | ±2.5 |
| | 90 | ±1.5 | ±1.7 | ±2.0 |
| 颜色 | 一条面和一顶面 | 一致 | 基本一致 | — |
| 完整面 | 不得少于 | | 一条面和一顶面 | — |
| 缺棱掉角 | 三个破坏尺寸不得同时大于 | 15 | 20 | 30 |
| 裂纹长度 | 大面上深入孔壁15mm以上宽度及延伸到条面的长度≤ | 60 | 80 | 100 |
| | 大面上深入孔壁15mm以上长度及延伸到顶面的长度≤ | 60 | 100 | 120 |
| | 条顶面上的水平裂纹≤ | 80 | 100 | 120 |
| 杂质 | 在砖面上造成的突起高度≤ | 3 | 4 | 5 |
| 孔型 | | 矩形条孔或矩形孔 | | 矩形孔或其他孔型 |
| 返霜 | 每块砖样 | 无 | 无中等 | 无严重 |
| 耐久性 | 不允许有欠火砖和酥砖，15次冻融不允许出现裂纹、分层、掉皮、缺棱掉角等冻坏现象 | | | |

(2) 烧结空心砖

根据《烧结空心砖和空心砌块》GB 13545—2003 规定，烧结空心砖和空心砌块按主要原料分为黏土砖（N）、页岩砖（Y）、煤矸石砖（M）和粉煤灰砖（F）。主要尺寸规格长度、宽度和高度应符合 390，290，240，190，180（175），140，115，90 的要求。根据尺寸偏差、外观质量、孔洞排列及其结构、返霜、石灰爆裂、吸水率等划分为优等品、一等品和合格品3个等级。根据抗压强度分为5个等级，如表 2-20 所示；根据体积密度分为4个等级，如表 2-21 所示。

强 度 等 级　　　　　　　　　　　　　表 2-20

| 强度等级 | 抗压强度（MPa） | | | 密度等级范围 (kg/m³) |
|---|---|---|---|---|
| | 抗压强度平均值 $f \geq$ | 变异系数 $\delta \leq 0.21$ 强度标准值（MPa）$f_k \geq$ | 变异系数 $\delta > 0.21$ 单块最小抗压强度值 $f_{min} \geq$ | |
| MU10.0 | 10.0 | 7.0 | 8.0 | ≤1100 |
| MU7.5 | 7.5 | 5.0 | 5.8 | |
| MU5.0 | 5.0 | 3.5 | 4.0 | |
| MU3.5 | 3.5 | 2.5 | 2.8 | |
| MU2.5 | 2.5 | 1.6 | 1.8 | ≤800 |

密 度 等 级　　　　　　　　　　　　　表 2-21

| 密度等级 | 5块密度平均值（kg/m³） | 密度等级 | 5块密度平均值（kg/m³） |
|---|---|---|---|
| 800 | ≤800 | 1000 | 901～1000 |
| 900 | 801～900 | 1100 | 1001～1100 |

### 2.3.3 建筑砌块

建筑砌块是以胶凝材料、粗骨料、细骨料、外加剂等加水搅拌后在模具内振动加压成型，再经蒸养或蒸压而成。它是一种体积比砖大、比大板小的新型墙体材料，其外形多为直角六面体，也有各种异型的。建筑砌块在节材、节能、节地、环境保护方面取得了巨大的社会效益。

#### 2.3.3.1 混凝土砌块

混凝土砌块主要包块普通混凝土空心砌块、轻集料混凝土空心砌块、蒸压加气混凝土砌块以及混凝土复合砌块等。

1. 原材料

（1）水泥

根据国家标准要求，通用水泥包含硅酸盐水泥、普通硅酸盐水泥、矿渣硅酸盐水泥、粉煤灰硅酸盐水泥、火山灰质硅酸盐水泥、复合硅酸盐水泥 6 大系列。混凝土建筑砌块中各个系列的水泥均可使用。

（2）骨料

混凝土中起支撑作用的部分称为骨料。骨料一般分为粗骨料和细骨料，凡粒径大于 5mm，而小于允许最大粒径的骨料，称为粗骨料。凡粒径小于 5mm，大于 0.08mm 的骨料，称为细骨料。对于粒径小于 0.08mm 的颗粒，通常作为矿物掺合料。以此类推，可以将轻骨料分为轻粗骨料和轻细骨料。凡是粒径大于 5mm，而小于允许最大粒径的骨料，堆积密度不大于 $1100kg/m^3$ 的骨料，称为轻粗骨料；凡粒径小于 5mm、大于 0.08mm 的骨料，堆积密度不大于 $1200kg/m^3$ 的骨料，称为轻细骨料。

（3）水

一般使用天然水。水中不应含影响水泥硬化的油类、糖类物质。

（4）外加剂

水泥混凝土最常用的外加剂是减水剂和早强剂，使用目的主要是提高早期强度，加速模具周转，提高生产效率。

（5）矿物掺合料

水泥混凝土中，掺入一定量的活性矿物掺合料，不仅节省水泥，而且对拌合物的和易性以及制品的抗渗性、抗冻性、耐腐蚀性等都有好处。

常用的矿物掺合料有粉煤灰、磨细的粒化高炉矿渣、硅藻土、沸石、硅灰等。

2. 生产工艺

混凝土建筑砌块的生产工艺大致可分为混凝土制备、成型、养护 3 个阶段。

（1）混凝土制备

混凝土制备主要包括原材料准备、计量、搅拌 3 道工序。按照机械化程度，混凝土制备工艺可以划分为落地式简易搅拌站和苍贮式自动搅拌站两类。

（2）成型

混凝土砌块一般采用专门的砌块成型机。根据成型机的工作状态，可以分为移动式成型机和固定式成型机；根据振动方式，可分为模振式和台振式；根据脱模方式可分为人工脱模、机械脱模、液压脱模等；根据供料方式可分为人工供料、机械供料、一次布料、分层布料等；根据砌块成型后码放方式又可分为单层式和叠层式。

目前，大多数砌块厂家使用半自动或全自动固定式砌块成型机。

（3）养护

经成型后的混凝土砌块，必须经过水泥的凝结、硬化后，才能达到所需要的强度和耐久性指标。根据养护时气氛的温度、湿度条件，混凝土砌块的养护可分为自然养护、太阳能养护、干热养护、湿热养护等。

3. 产品形式与技术标准

（1）普通混凝土小型空心砌块

混凝土砌块根据中国建筑标准设计院编制的《普通混凝土小型空心砌块图集》，混凝土砌块的主要规格分为两大系列。

1）高190系列

①主砌块：390mm×190mm×190mm。

②辅助砌块：290mm×190mm×190mm；

190mm×190mm×190mm；

90mm×190mm×190mm。

2）高90系列

①主砌块：390mm×190mm×90mm。

②辅助砌块：290mm×190mm×90mm；

190mm×190mm×90mm；

90mm×190mm×90mm。

除上述主系列砌块外，在宽度方向上可以有190mm，240mm，290mm等变化，以适应不同地区、不同厚度的墙体。

根据《普通混凝土小型空心砌块》GB 8239的规定，普通混凝土空心砌块，按尺寸偏差和外观质量分为优等品、一等品和合格品3个质量等级，按照抗压强度分为MU3.5、MU5.0、MU7.5、MU10、MU15、MU20六个强度等级，各强度等级的要求如表2-22所示。

普通混凝土小型空心砌块强度等级　　　　　表2-22

| 强度等级 | 抗压强度（MPa） | | 强度等级 | 抗压强度（MPa） | |
|---|---|---|---|---|---|
| | 平均值 | 单块最小值 | | 平均值 | 单块最小值 |
| MU3.5 | 3.5 | 2.8 | MU10.0 | 10.0 | 8.0 |
| MU5.0 | 5.0 | 4.0 | MU15.0 | 15 | 12.0 |
| MU7.5 | 7.5 | 6.0 | MU20.0 | 20 | 16.0 |

（2）轻集料混凝土小型空心砌块

轻集料混凝土小型空心砌块的规格与普通混凝土小型空心砌块相同。

根据《轻集料混凝土小型空心砌块》GB 15229的规定，轻集料混凝土小型空心砌块按尺寸偏差和外观质量分为一等品和合格品两个质量等级，按照抗压强度分为1.5、2.5、3.5、5.0、7.5、10.0六个强度等级，按照密度分为500、600、700、800、900、1000、1200、1400八个密度等级，强度等级的要求如表2-23所示，密度等级如表2-24所示。

强 度 等 级　　　　　　　　　　　表2-23

| 强度等级 | 抗压强度（MPa） | | 密度等级范围（kg/m³） |
| --- | --- | --- | --- |
| | 平均值 | 单块最小值 | |
| 1.5 | ≥1.5 | 1.2 | ≤600 |
| 2.5 | ≥2.5 | 2.0 | ≤800 |
| 3.5 | ≥3.5 | 2.8 | ≤1200 |
| 5.0 | ≥5.0 | 4.0 | ≤1200 |
| 7.5 | ≥7.5 | 6.0 | ≤1400 |
| 10.0 | ≥10.0 | 8.0 | ≤1400 |

密 度 等 级　　　　　　　　　　　表2-24

| 密度等级（kg/m³） | 砌块干燥表观密度的范围（kg/m³） | 密度等级（kg/m³） | 砌块干燥表观密度的范围（kg/m³） |
| --- | --- | --- | --- |
| 500 | ≤500 | 900 | 810～900 |
| 600 | 510～600 | 1000 | 910～1000 |
| 700 | 610～700 | 1200 | 1010～1200 |
| 800 | 710～800 | 1400 | 1210～1400 |

(3) 混凝土复合砌块

近年来，随着建筑节能工作的开展，对砌块的要求也在不断提高，市场上出现了混凝土空心砌块和保温材料复合砌块。有些是采用泡沫混凝土浇筑工艺而制成，有些是采用先压制成型空心混凝土砌块和与保温材料复合而成。如甘肃省建材科研设计院研制的多功能微孔混凝土复合砌块就是采用浇注的工艺而制成的。由于其具有良好的保温性能，在市场得到广泛应用。对于复合混凝土保温砌块，由于国家尚无完善的标准规范，目前基本上是各个生产企业根据自己的产品并参照一些相关的国家、行业标准制定的企业标准。如有需要生产的厂家可参照相关企业的资料及指标要求，这里不再做详细叙述。

#### 2.3.3.2 石膏砌块

1. 原材料

(1) 建筑石膏

建筑石膏符合《建筑石膏》GB 9776 的要求。

(2) 膨胀珍珠岩

膨胀珍珠岩符合《膨胀珍珠岩》JC 209 的要求。

(3) 其他原料

各种轻集料、纤维增强材料、发泡剂、填料、活性掺合料及其他添加剂等，主要是粉煤灰、陶粒、玻璃纤维、水淬矿渣、炉渣、水泥等。

2. 生产工艺

石膏砌块生产主要有料浆制备、浇注成型、脱模、干燥等工艺过程。

(1) 料浆制备

经配料系统的计量后的原材料送入混合机，生产用水经配料系统的可调式水计量装置计量后加入混合机，在混合机中通过搅拌器强烈搅拌使各组分均匀混合，达到要求后进行浇注成型。

(2) 浇注成型

经混合机搅拌好的料浆，由液压翻转装置将料浆自动倒入成型机的各个模腔中，在料浆凝固的某个适当阶段，驱动装在模腔上方的液压成型刮刀，使之往返运动，以刮出个砌块的上部企口。

(3) 脱模

待砌块完全硬化后，中央液压站驱动成型机的顶升系统，将整排石膏砌块从模具中顶出，通过成型机上方的气动伸缩夹具将整排砌块夹住、提升、移出，再自动将各砌块之间拉开一定距离，以满足干燥工艺的要求，放在垛架或小车上。

(4) 干燥

石膏砌块的干燥分为自然干燥和人工干燥两种。自然干燥是将刚凝固成型的石膏砌块搬运至晾晒场上堆放，通过空气温度和风的作用将砌块内所含的水分降至5%左右。人工干燥一般采用隧道窑，采用蒸汽或导热油间接加热的方式，也有采用热风炉直接或间接加热进行干燥的。干燥好的砌块作为成品即可包装入库。

3. 产品形式及技术指标

石膏砌块主要尺寸规格长度、宽度和厚度有666，600，500，400，333，150，100，80mm。

常用的石膏空心砌块的物理性能如表2-25所示。

石膏空心砌块的物理性能　　　　　　　表2-25

| 砌块规格<br>（mm） | 干密度<br>（kg/m³） | 干燥强度（MPa） | | 导热系数<br>[W/(m·K)] | 耐火极限<br>(h) | 隔声<br>(dB) | 含水率<br>(%) | 可加工性 | 空心率<br>(%) |
|---|---|---|---|---|---|---|---|---|---|
| | | 抗压 | 抗折 | | | | | | |
| 666×400×100 | ≤650 | ≥2.5 | ≥0.5 | 0.21 | ≥1.3 | ≥41 | ≤8 | 可钉，可锯，可刨 | ≥25 |

由于石膏空心砌块自重轻，能有效减轻建筑物承受的地震荷载，而且其弹性模量小，在一定的应力条件下具有较大的应变值。在结构上与框架支撑之间有良好的连接，具有吸收地震偏移变形的能力，是良好的建筑抗震材料。

使用厚度不超过100mm的石膏空心砌块，每平方米的墙体自重不超过70kg，比120mm厚的黏土砖墙轻70%以上，可节省材料、节省承重结构和基础处理费用，综合造价要降低15%～20%，并可增加10%左右的建筑物使用面积。

### 2.3.3.3 蒸压加气混凝土砌块

1. 原材料

生产蒸压加气混凝土砌块需要多种原材料，按各种原材料在蒸压加气混凝土生产过程中的基本功能，可将它们分为3大类，即基本组成材料、发气材料和调节材料。

(1) 基本组成材料

基本组成材料是形成加气混凝土的主体材料，在配料浇注和蒸压养护等工艺过程中，它们将发生一系列物理化学反应并相互作用，产生以水化硅酸钙为主要成分的新生矿物，从而使加气混凝土具备一定的强度。

基本组成材料按其化学成分可分为两类：一类是硅质材料，其主要成分为氧化硅，如硅砂、粉煤灰、含硅尾矿粉、煤矸石、某些凝灰岩类矿物等；另一类是钙质材料，其主要成分为氧化钙，如生石灰、水泥等。

（2）发气材料

发气材料在加气混凝土中的作用是在料浆中进行化学反应，放出气体并形成细小而均匀的气泡，使加气混凝土具有多孔状结构。加气混凝土的基本组成材料的密度一般都在 1.8～3.1g/cm³ 左右，而加气混凝土制品的干容重通常为 500～700kg/m³，甚至更低。因而，加气混凝土必须有较大的孔隙率，一般在料浆的发气膨胀阶段要求料浆的体积膨胀量近 1 倍以上。为此，就要求发气材料能够提供大量的不溶或难溶于水的气体。为了使这些气体能够在加气混凝土料浆中形成尺寸适当、大小均一的球形气泡，并能够保持稳定不变形破裂，除了料浆本身具有一定的温度、稠度等条件外，适当的气泡稳定剂（简称稳泡剂）是十分重要的。

发气剂的种类比较多，主要可分为金属和非金属两大类。金属发气剂有（Al）、锌（Zn）、镁（Mg）等粉剂或膏剂，铝锌合金和硅铁合金等；非金属类有过氧化氢、碳化钙和碳酸钠加盐酸等。不过，由于金属铝的发气反应比较容易控制，发气量大，比较经济，因此目前世界各国均以铝粉或铝膏为发气剂。

稳泡剂种类也较多。原则上说，凡是能降低固—液—气相表面张力，提高气泡膜强度的物质均可起到成泡稳泡的作用，都是一种稳泡剂。但从其稳泡功能的强弱和对加气混凝土料浆的适应能力来看，目前采用较多的主要是"可溶油"、拉开粉、皂荚粉等，以及某些合成物或再制品。

（3）调节材料

为了使加气混凝土料浆发气膨胀和料浆稠化相适应，使浇注稳定并获得性能良好的坯体；为了加速坯体硬化，提高制品强度；为了避免制品在蒸养过程产生裂缝，都需要在加气混凝土配料中加入适当的辅助调节材料，使加气混凝土在制造过程中的某一工艺环节上性能得以改善，这些材料统称为调节材料。

不同的加气混凝土，需要不同的调节材料。比如在水泥—矿渣—砂加气混凝土中常用纯碱、硼砂和苦土粉，在水泥—石灰—粉煤灰加气混凝土中所采用的调节材料有烧碱、水玻璃、石膏等。

2. 生产工艺

加气混凝土的生产工艺，一般包括原材料处理、料浆制备、浇注发气、预养、切割、蒸压养护等工序。

（1）原材料处理

原材料处理包括粉煤灰脱水、粒状物料粉磨、液体物料制备等过程。

（2）配料搅拌

经处理过的各种原材料，被分别储存于各自的贮料仓（罐）中，一般将各种物料的计量设备布置于同一房间，便于集中控制。经过配料计量系统计量后加入加气混凝土专用的搅拌机中。按照搅拌机的原理与形状，料浆搅拌机可分为涡轮式搅拌机、螺旋式搅拌机、旋浆式搅拌机、浆叶式搅拌机、涡轮—旋浆复合式搅拌机。每次搅拌料浆量应至少满足一只模具的料浆用量。

（3）浇注

料浆搅拌均匀后，要及时浇注入模。为保证浇注时布料均匀，并防止物料对模具内隔离剂的破坏，搅拌机与模具之间，一般通过浇注管布料。

（4）发气

料浆注入模具后，便进入发气阶段。发气过程是一个铝粉发气膨胀与料浆稠化、硬化而阻止膨胀的矛盾过程。如果铝粉的发气速度与料浆的稠化速度不协调，便会发生发气过早、发气过晚、冒泡、沸腾、发气不匀、憋气、超膨胀、收缩下沉、塌模等不正常现象。

（5）预养

发气基本完成后，到切割之前的阶段，称为预养。在此过程中，气孔结构趋于稳定，坯体逐渐硬化，其强度足以能够承受自重和切割时所要承受的冲击、振动、弯折、挤压负荷，同时又能够保证切割钢丝能够顺利穿越。

预养与发气一般在同一地方，属于同一工序的不同阶段。

（6）切割

切割就是将经过预养、达到一定强度的坯体，切割成一定规格和尺寸的制品。一般采用钢丝作为切割工具。

切割工序包括切面包头、水平切割、横向切割、纵向切割等。

（7）蒸压养护

蒸压养护是将切割以后具有一定塑性强度的坯体，送入蒸压釜，在一定温度、压力的饱和水蒸气环境中，各种组成材料间通过一系列的物理化学反应，生成一系列水化硅酸盐、水化铝酸盐、水化硫铝酸盐类矿物，从而赋予加气混凝土一定的机械强度和耐久性。

由于蒸压养护过程中，除了发生物料间的化学反应外，加气混凝土坯体还有经受因温度、湿度发生剧烈变化而引起的传热、传质、膨胀、收缩等物理变化，为了有利于强度增长的因素，同时尽量避免不利因素对强度的危害，在蒸压养护时，必须按照一定的蒸压养护制度进行。一般将蒸压养护过程划分为抽真空、升温、恒温、降温 4 个阶段。

3. 产品形式及技术标准

根据《蒸压加气混凝土砌块》GB 11968—2006 的规定，蒸压加气混凝土砌块按尺寸偏差与外观质量、干密度、抗压强度和抗冻性分为：优等品（A）和合格品（B）两个等级，如表 2-26～表 2-30 所示。

尺寸偏差和外观　　　　　　　　表 2-26

| 项　　目 | | | 指　　标 | |
|---|---|---|---|---|
| | | | 优等品（A） | 合格品（B） |
| 尺寸允许偏差（mm） | 长度 | $L$ | ±3 | ±4 |
| | 宽度 | $B$ | ±1 | ±2 |
| | 高度 | $H$ | ±1 | ±2 |
| 缺棱掉角 | 最小尺寸不能大于/（mm） | | 0 | 30 |
| | 最大尺寸不能大于/（mm） | | 0 | 70 |
| | 大于以上尺寸的缺棱掉角个数，不多于/（个） | | 0 | 2 |
| 裂纹长度 | 贯穿一棱二面的裂纹长度不得大于裂纹所在面的裂纹方向尺寸总和的 | | 0 | 1/3 |
| | 任一面上的裂纹长度不得大于裂纹方向尺寸的 | | 0 | 1/2 |
| | 大于以上尺寸裂纹条数，不多于/（条） | | 0 | 2 |

续表

| 项目 | | 指标 | |
|---|---|---|---|
| | | 优等品（A） | 合格品（B） |
| 尺寸允许偏差（mm） | 长度 L | ±3 | ±4 |
| | 宽度 B | ±1 | ±2 |
| | 高度 H | ±1 | ±2 |
| 爆裂、粘模和损坏深度不得大于（mm） | | 10 | 30 |
| 平面弯曲 | | 不允许 | |
| 表面疏松、层裂 | | | |
| 表面油污 | | | |

砌块的立方体抗压强度　　　　　　　　　　　　　　表2-27

| 强度级别 | 抗压强度（MPa） | | 强度级别 | 抗压强度（MPa） | |
|---|---|---|---|---|---|
| | 平均值不小于 | 单组最小值不小于 | | 平均值不小于 | 单组最小值不小于 |
| A1.0 | 1.0 | 0.8 | A5.0 | 5.0 | 4.0 |
| A2.0 | 2.0 | 1.6 | A7.5 | 7.5 | 6.0 |
| A2.5 | 2.5 | 2.0 | A10.0 | 10.5 | 8.0 |
| A3.5 | 3.5 | 2.8 | | | |

砌块的干密度　　　　　　　　　　　　　　　　　　表2-28

| 干密度（kg/m³） | 干密度级别 | B03 | B04 | B05 | B06 | B07 | B08 |
|---|---|---|---|---|---|---|---|
| | 优等品（A）≤ | 300 | 400 | 500 | 600 | 700 | 800 |
| | 合格品（B）≤ | 325 | 425 | 525 | 625 | 725 | 825 |

砌块的强度级别　　　　　　　　　　　　　　　　　表2-29

| 强度级别 | 干密度级别 | B03 | B04 | B05 | B06 | B07 | B08 |
|---|---|---|---|---|---|---|---|
| | 优等品（A） | A1.0 | A2.0 | A3.5 | A5.0 | A7.5 | A10.0 |
| | 合格品（B） | | | A2.5 | A3.5 | A5.0 | A7.5 |

干燥收缩、抗冻性和导热系数　　　　　　　　　　　表2-30

| | 干密度级别 | B03 | B04 | B05 | B06 | B07 | B08 |
|---|---|---|---|---|---|---|---|
| 干燥收缩值 | 标准法（mm/m） | ≤0.50 | | | | | |
| | 快速法（mm/m） | ≤0.80 | | | | | |
| 抗冻性 | 质量损失（%） | ≤5.0 | | | | | |
| | 冻后强度（MPa） 优等品 | ≥0.8 | ≥1.6 | ≥2.8 | ≥4.0 | ≥6.0 | ≥8.0 |
| | 合格品 | | | ≥2.0 | ≥2.8 | ≥4.0 | ≥6.0 |
| 导热系数（干态）[W/(m·K)] | | ≤0.10 | ≤0.12 | ≤0.14 | ≤0.16 | 0.18 | 0.20 |

规定采用标准法、快速法测定砌块干燥收缩值，若测定结果发生矛盾不能判定时，则以标准法测定的结果为准

### 2.3.4 建筑板材

建筑板材主要包括轻质板材和复合板材两大类。

#### 2.3.4.1 轻质板材

轻质板材主要包括纸面石膏板、石膏空心条板、GRC空心条板、植物纤维增强轻板

和蒸养加气混凝土条板等。由于纸面石膏板、石膏空心条板、GRC 空心条板、蒸养加气混凝土条板的生产技术都比较成熟，这里不再详细的阐述。本节重点介绍植物纤维增强轻板的节材生产技术。

1. 概述

植物纤维是指所有已死亡的植物及其植物产品剩余物和废弃物。植物纤维板一般具有轻质、高强、抗震、隔热保温、吸声抗噪等特点，经过一定的处理以其克服吸湿变形、虫蛀和易燃等弱点，是一种很有发展前途的绿色环保建筑材料。

在建筑材料中，植物纤维板可用于内隔墙、墙面装饰、屋面望板、吊顶地面等，也可以和其他材料复合成夹心复合板。

森林资源是我国的稀缺资源，据统计，一棵树或一根竿竹，在采伐后可以直接作为材料的部分仅占 30%，其余 70% 将成为加工剩余物；一年生的灌木、野草，现在还没有得到充分利用；农作物的秸秆、果壳，除部分用于饲料、柴薪外，还有很多被遗弃野外或被无谓焚烧；工业、矿业、建筑业以及城市垃圾中，也含有大量的木段、废木质包装箱、废纸、废衣物等植物纤维成分。因此，作为建筑材料原料的植物纤维，资源非常丰富，开发前景十分广阔。

2. 原材料

（1）植物纤维

植物纤维在化学成分上主要是一些碳水化合物，其中，C、H、O 的总含量约占 70%～90%，其次为 N、P、K、S、Si 等常量元素和微量元素。它们以不同方式组合构成纤维素、半纤维素、木质素、淀粉、蛋白质、单宁质、蜡质、果胶以及生物碱、醛基、酚基化合物等。在生产植物纤维板时，主要利用其中的纤维素纤维。纤维素含量越高，植物纤维的增强效果越好。植物纤维板的质量不仅取决于植物纤维的纤维素含量，还与纤维的长度、宽度、长宽比、细胞壁的厚度有关。长而细的纤维对于提高板材的强度更加有利，但有时不利于物料搅拌；短而粗的纤维在植物纤维整体不破坏的情况下，也可以得到强度较高的材料。

由于植物纤维来源多种多样，构成各不相同，很难对其进行统一的质量要求。根据生产工艺需要，下列指标必须适当控制。

1）不得含有肉眼可观察的霉变现象；无油污、糖蜜等对胶粘剂有害的污染现象；对于茎秆类纤维，应去除根须、枯叶和残余花穗。

2）含水率宜小于 3%。

3）不含石块、铁钉、塑料等杂物，含泥量不高于 1%。

（2）胶结材料

胶结材料分为有机胶结材料和无机胶结材料两种。

有机胶结材料主要是脲醛树脂、酚醛树脂、三聚氰胺甲醛树脂及不饱和聚酯树脂等。无机胶结材料主要是水泥和石膏，以及氯氧镁水泥和细矿粉—水玻璃等胶粘剂。

（3）外加剂

外加剂主要是用于有机胶结材料的固化剂、防水剂及其他防霉、阻燃的助剂；用于无机胶结材料速凝剂、缓凝剂、改性剂等。

3. 生产工艺

植物纤维增强轻质板材的生产工艺，有湿法和干法两种类型。

湿法生产工艺的基本流程是：将经过预处理的清除泥沙、烂草、根须的植物纤维，切成2～3cm的碎段，并用碾压机碾破，然后向其中加入石灰乳或氢氧化钠或硫酸钠溶液，搅拌均匀后置于蒸煮容器内，常压蒸煮48h，闷12h；将蒸煮后的植物纤维冲洗2～4道，去除碱后加水，置于打浆机打浆。此时，依靠植物纤维自身所含的胶质以及蒸煮过程中产生的胶质即可粘连，如果胶质不足，可以外掺部分胶液调制，调胶完成后，将浆液倒入压滤机挤出水分，制成板坯，然后将板坯移入压机，在0.2MPa左右的压力下压制定型，然后移入烘干室烘干即可。

湿法生产的优点是可基本不使用外加胶粘剂，因而产品也不存在后期环境污染问题；缺点是生产工艺复杂，且大量冲洗用水和压滤废水的处理与回收比较困难，环保成本很高，环境负担量也很大。因此该法目前已基本不再使用。

干法生产工艺可根据纤维的长度、胶粘剂类型，采用不同的工艺流程。其主要生产过程有：原材料处理与输送、配料搅拌、压制成型、干燥、裁边等工序。干法生产纤维增强轻质板材优点是设备简单、能耗低、用胶量少，产品性能稳定。目前被广泛应用。

4. 产品质量及技术标准

轻质板材出厂检验项目一般包括外观质量、平直度、面密度、尺寸偏差、含水率、浸水厚度膨胀率、抗折强度、吸水率等。

（1）建筑用纸面草板的技术标准

根据GB 9781的规定，建筑用纸面草板技术性能如表2-31所示。

建筑用纸面草板的技术指标　　　　表2-31

| 项　目 | | 指　　　　标 | | |
|---|---|---|---|---|
| | | 优等品 | 一等品 | 合　格　品 |
| 外观质量 | | 表面光洁、无折皱、无手足有无痕迹；<br>侧面上、下面纸搭接完好，粘结牢固；<br>端头封闭整齐、牢固 | | 允许有下列情形之一发生：<br>由于纸跑偏造成上下面纸未搭接，其未搭接宽度不超过1～2mm，长度不超过50mm；<br>侧面上、下面纸与草芯粘结不牢，其长度不超过100mm；<br>封端不严，封端与上下面纸未粘牢，其脱胶长度不超过100mm；<br>面纸有局部折皱和不影响使用的微小缺陷 |
| 尺寸偏差（mm） | 长度 | -1，-5 | -1，-7 | -1，-7 |
| | 宽度 | -1，-3 | -1，-3 | -1，-3 |
| | 厚度 | ±1 | ±1 | ±1 |
| 单位面积质量（kg/m$^2$） | | ≤25.0 | ≤25.0 | ≤26.0 |
| 含水率（%） | | ≤15.0 | ≤15.0 | ≤20.0 |
| 两对角线差（mm） | | ≤4.0 | ≤4.0 | ≤5.0 |
| 板面不平整度（mm） | | ≤1.0 | ≤1.0 | ≤1.5 |
| 挠度（mm） | | ≤3 | ≤4 | ≤5 |

续表

| 项 目 | 指 标 | | |
|---|---|---|---|
| | 优等品 | 一等品 | 合 格 品 |
| 破坏荷载（N） | ≥6400 | ≥5500 | ≥5000 |
| 面纸与草芯的粘结 | 无剥离现象 | 无剥离现象 | 无剥离现象 |
| 热阻（$m^2 \cdot K/W$） | >0.537 | >0.537 | >0.537 |
| 耐火极限（h） | ≥1 | ≥1 | ≥0.5 |

（2）有机胶结植物纤维板的技术标准

有机胶结植物纤维板的现有技术标准包括：《刨花板》GB/T 4987.1～7－2003、《硬质纤维板——技术要求》GB 12626.2—90等。

对于建筑围护材料所用的普通板，标准幅面宽度为1220mm×2440mm，厚度为4mm、6mm、8mm、11mm、12mm、14mm、16mm、19mm、22mm、25mm、30mm。

在外观上要求不得含有断痕、透裂、分层、鼓泡、碳化、边角松软以及单个面积大于$40mm^2$的胶斑、油斑、粘痕、压痕等缺陷。

公差尺寸要求：对角线长度差≤5mm，厚度偏差为（－0.1，＋1.9）mm，长度和宽度偏差为0～5mm，板边不直度偏差≤1mm/m，翘曲度≤1.0%。

有机胶结植物纤维板标准对于不同使用环境、不同厚度的板材的技术性能要求各不相同，以建筑围护最常用的6～12mm厚的普通板为例，其技术性能基本要求如表2-32所示。

有机胶结植物纤维板的技术性能　　　　　表2-32

| 项 目 | 单 位 | 使用环境 | | 备 注 |
|---|---|---|---|---|
| | | 干燥状态下 | 潮湿状态下 | |
| 密度 | $g/cm^3$ | 0.4～0.9 | | |
| 含水率 | % | 4～13 | | |
| 静曲强度 | MPa | ≥12.5 | ≥18 | |
| 弯曲弹性模量 | MPa | ≥2550 | | |
| 内结合强度 | MPa | ≥0.28 | ≥0.45 | |
| 表面结合强度 | MPa | ≥0.7 | ≥0.9 | |
| 2h沸水煮后结合强度 | MPa | ≥0.15 | | |
| 24h吸水厚度膨胀率 | % | ≤8.0 | ≤11.0 | 干燥环境用材吸水2h |
| 握螺钉力 | N | 板面≥1100，板边≥700 | | 只测厚度≥16mm的板材 |
| 甲醛释放量 | mg/100g | ≤9.0 | | 含水率6.5%时 |

（3）无机胶结植物纤维板技术标准

对于无机胶结植物纤维板，目前除《水泥木屑板》JC 411—91以外，还没有更多的国家标准和行业标准。如果将《水泥木屑板》JC 411—91和国际标准《水泥刨花板》ISO 8335—87等进行综合考虑，可以将常用的水泥基和石膏基植物纤维板的外观质量与尺寸偏差要求和物理力学性能总结，如表2-33和表2-34所示。

无机胶结植物纤维板外观质量与尺寸偏差　　表2-33

| 项目 | | 指标 | | |
|---|---|---|---|---|
| | | 优等品 | 一等品 | 合格品 |
| 外观质量 | | 不允许有：掉角、非贯穿裂纹、坑包、麻面污染 | 不允许有：掉角和非贯穿裂纹；两个方向上同时超过10mm的坑包和麻面；两个方向上同时超过50mm的污染 | 不得有：同时超过10mm的掉角；超过30mm的非贯穿裂纹，两个方向上同时超过10mm的坑包、麻面和100mm以上的污染 |
| 厚度允许偏差 | 4～8mm厚板 | ±0.5 | | ±0.7 |
| | 10～20mm厚板 | ±0.7 | | ±1.0 |
| | 24～40mm厚板 | ±1.2 | | ±1.5 |
| 长度宽度偏差（mm） | | ±5 | | |
| 长度和宽度的平直度（mm/m） | | ±1 | | |
| 方正度（mm/m） | | ±2 | | |
| 不平整度（mm/m） | | ±4 | | ±6 |

无机胶结植物纤维板物理力学性能　　表2-34

| 项目 | 单位 | 指标 | | 检测参考标准 | 备注 |
|---|---|---|---|---|---|
| | | 水泥植纤板 | 石膏植纤板 | | |
| 面密度 | kg/m³ | 12.5～10.5 | | GB 9775—88 | |
| 含水率 | % | 9±4 | ≤3 | GB 9775—88 | |
| 断裂荷载 | N | ≥699 | | GB 9775—88 | |
| 静曲强度 | MPa | ≥9.0 | ≥6.5 | GB 4897—92 | |
| 内结合力 | MPa | ≥0.4 | ≥0.3 | GB 11718.9—89 | |
| 弹性模量 | MPa | ≥3500 | ≥3200 | GB 4897—92 | |
| 受潮挠曲 | mm | ≤1.3 | | GB 9775—88 | |
| 浸水厚度膨胀率 | % | ≤2.0 | ≤3.0 | JC 680—1997 | |
| 干燥收缩值 | mm | ≤0.6 | | JC 680—1997 | |
| 热导率 | W/(m·K) | ≤0.167 | | GB 10924—88 | |
| 抗冻性 | MPa | ≥5.76 | | GBJ 82—83 | |
| 握钉力 | N | ≥600 | ≥560 | GB 11718.9—89 | |
| 温度线膨胀率 | ℃⁻¹ | $5.8\times10^{-4}$ | | GB 11982.1—89 | |
| 耐火极限 | h | ≥1.5 | | GB 9978—1999 | |
| 不燃性试验 | 级别 | $B_1$ | | GB 8624—1997 | |

#### 2.3.4.2 复合板材

**1. 概述**

随着现代建筑向高层、大跨方向发展，对围护材料质轻、高强、抗震方面的要求不断提高。与此同时，为了降低建筑物的使用能耗，要求建筑围护材料必须具有良好的隔热保温性能。为了使居住环境更加安全和舒适，要求建筑围护材料还应具备防火、防水、采光、透气、隔声、降噪、防潮、防霉、消毒除臭、防炫目、防辐射等多重功能；为了延长建筑物的使用寿命，要求围护材料需具有很好的耐久性、可维修性、可替换性；为了提高建筑物的美观效果，建筑围护材料要具有一定的装饰性；为了提高建筑物的施工速度，还要求围护材料具有很好的尺寸稳定性、易加工性和易装配性。

不言而喻，要使一种材料同时满足以上所有条件是非常困难的。如前所述的各类建筑围护材料，都或多或少地存在这样或那样的不足，但也同时具有这样或那样的特点。如果将不同特点、不同性能的材料进行复合，并使各自的优势互补、劣势抵消，便会大大增强建筑围护材料的综合功能与效能。由此便产生了各种形式的复合板材与复合墙体。

轻质复合板材主要用于框架结构建筑物的非承重墙、隔墙以及工业厂房、临时性建筑的外墙、大跨度建筑物的屋面等。带结构层的钢筋混凝土复合板，也可以作为多层建筑的承重外墙材料。复合墙体则适用于各种建筑物的节能。

复合板材的命名一般采用面层材料＋芯层材料＋复合板。有些新型板材也常用公司名、设备名、产地名等命名。

2. 原材料及技术要求

(1) 面层材料

制作复合夹芯板材的面层材料，可在如下若干种材料中加以选择。

1) 薄型轻质平板或波纹板，如前所述的纤维增强水泥板、水泥刨花板、刨花板、中密度纤维板、纸面石膏板、纤维石膏板、硅钙板等。

2) 金属面板，如彩色涂层钢板、铝合金板等。

3) 其他装饰板，如塑料板、铝塑板、玻璃钢板、彩色玻璃板等。

4) 钢丝网架、竹箩筐等。其中对彩色涂层钢板的基本要求如下：

①必须以冷轧钢板（带）、电镀锌钢板（带）、热镀锌钢板（带）或镀铝锌钢板（带）为基材，经过脱脂、磷化、铬酸盐处理，再涂上有机涂层而成；

②厚度为 0.5～0.6mm；

③薄钢板基材的抗拉强度应大于 270MPa，屈服强度不小于 210MPa，延伸率≥26%；

④涂层必须具有充分的耐候性。

(2) 芯层材料

复合板的绝热、保温性能主要取决于芯层材料。对于芯层材料的基本要求是：具有良好的绝热性能；必要的刚度和强度；与面板有较好的黏结力。

根据材料的化学成分，芯层材料可分为两大类：一类为有机泡沫材料，如聚氨酯泡沫塑料、聚苯乙烯泡沫塑料、酚醛泡沫塑料、脲醛泡沫塑料、三聚氰胺泡沫塑料、稻草板等；另一类为无机纤维材料，如岩棉板、矿棉板、玻璃棉板等。

还有一类夹芯材料为蜂窝芯子。根据制作材料，可有纸蜂窝、玻璃布蜂窝、塑料蜂窝、铝合金蜂窝、石膏蜂窝等。其中，纸蜂窝用得较多。其制作过程是：先将牛皮纸或其他纸张浸渍酚醛树脂，使之达到一定的挺括度，然后用印胶机将胶黏剂按照一定的间距印刷胶条，相邻两层的胶条等间距交替错位，即上一层胶条恰好位于下一层两个胶条的中间，如此一层层纸板叠合在一起，达到数十至数百层后，静置固化成为蜂窝芯子板。然后用切纸机将芯子板切成一条条宽度等于蜂窝芯子高度的芯子条并按纸板叠合的方向拉开，喷涂定型胶定型即可。

(3) 连接材料

为使两层面板连接牢固，并能承受一定的荷载，需要使用连接材料加强两层面板之间的联系。最常用的连接材料为龙骨，其次是钢丝。

(4) 固结材料

为了使面层与芯层牢固结合，需要使用固结材料。常用的固结材料有螺钉和胶粘剂。

根据性能与使用方式，螺钉类固结材料可分为钢钉、射钉、自攻螺钉、自钻自攻螺钉、金属膨胀螺栓、塑料膨胀螺栓、击芯铝铆钉等。

根据胶粘剂的成分，可以分为有机胶粘剂、无机胶粘剂和有机—无机复合胶粘剂。常用的有机胶粘剂有酚醛树脂胶粘剂、脲醛树脂胶粘剂、三聚氰胺甲醛树脂胶粘剂、单组分聚氨酯胶粘剂、双组分聚氨酯胶粘剂等。常用的无机胶粘剂有水泥、石膏、水玻璃等。常用的有机—无机复合胶粘剂有聚乙烯醇—α石膏胶粘剂、聚乙烯醇—β石膏胶粘剂、水玻璃矿渣胶粘剂、聚醋酸乙烯水泥胶粘剂等。

在选择胶粘剂时，应结合需胶粘的面层、芯层材料性质，按照相似相容原理选取。无机面板与无机龙骨或芯层结合时，宜选用无机或复合胶粘剂，有机面板与有机芯层结合时宜选用有机胶粘剂。石膏面板与石膏龙骨结合时，宜选用改性石膏胶粘剂。

对于胶粘剂的基本要求是：具有较高的固体含量、较大的流动度、较低的固化温度、较短的固化时间、较高的粘结强度。

3. 生产工艺

(1) 彩钢夹芯复合板

彩钢夹芯复合板是一种以彩色压型涂层钢板与保温材料复合而成的新型建筑围护材料，具有自重轻、保温性能好、结构承载力较大、装饰性强、安装方便等特点，现已广泛应用于工业与民用建筑的隔墙、外墙、屋面、吊顶和保温围护等。

目前用得比较多的类型有：彩钢聚氨酯复合板、彩钢聚苯乙烯复合板和彩钢岩棉复合板。

1) 彩钢聚氨酯复合板

彩钢聚氨酯夹芯复合板所用原材料主要为彩色压型钢板和聚氨酯发泡材料。

聚氨酯发泡材料由聚醚或聚酯为主要成分的A组分、多异氰酸酯为主要成分的B组分组成。A、B两种组分一旦发生混合，两者在发生链增长反应和交联反应的同时，会吸收空气中的水分发生放气反应，生成大量气泡，在很短的时间内（≤10s）凝固形成泡沫结构。

生产过程：首先由开卷机将涂层钢带开卷后，送入贴膜器自动粘接不干胶塑料薄膜，之后送入压型机轧制成压型板。成型后的上下压型板通过预热室向双履带式压力成型机传送。高压发泡机将构成聚氨酯的A、B组分通过射头混合形成聚氨酯发泡液，并将发泡液注入上下压型板之间。两板在成型机入口处叠合，并在成型机组内完成压平、发泡、固化过程。从双履带成型机出口处出来的复合板，在冷却辊道上将化学热部分释放，泡沫达到一定强度后，再用高速带锯割成规格产品。

2) 彩钢聚苯乙烯复合板

彩钢聚苯乙烯复合板有立式和卧式两种生产方式。立式生产将可发性聚苯乙烯泡沫珠粒灌入压型钢板内，然后经加热固化而成，加热温度为110～130℃，加热时间为40～60min，冷却时间为8～10min；卧式生产采用聚苯乙烯泡沫板为芯材，通过胶黏剂与面层彩钢板接合。

聚苯乙烯泡沫板芯材的技术性能如表2-35所示。

聚苯板技术性能　　　　　　　表2-35

| 项目 | 指标 | 项目 | 指标 |
| --- | --- | --- | --- |
| 表观密度（kg/m³） | 20 | 抗剪强度（MPa） | ＞0.1 |
| 热导率［W/（m·K）］ | ＜0.035 | 吸水率（体积分数）（％） | ＜0.08 |
| 抗压强度（MPa） | ＞0.0785 | 相对吸湿性 | 中 |
| 拉伸强度（MPa） | ＞0.0981 | 燃烧性 | 自熄性 |

胶粘剂最常用的为双组分聚氨酯胶粘剂。喷胶时A、B两种组分分别注入两个带有孔板的胶槽中，压型钢板（下板）和聚苯乙烯泡沫板到达此位置后，A、B两组分一前一后通过筛孔自动滴到板上，在板的迁移过程中，经一个往复运动的刮板将两组分混匀并形成一定黏度，然后在粘接成型机中经多道辊压，使泡沫板与彩钢板牢固粘接在一起。

3）彩钢岩棉复合板

彩钢岩棉复合板有间断式和连续式两种生产方式。

间断式生产工艺是将购进的薄钢带通过压型机轧制成压型板，切割成所需要的规格后，再在操作台上人工施胶、铺棉条、叠合、码放，然后置于加压装置中加压固化。

连续式生产工艺生产线主要由四大部分构成：一是上、下压型板轧制系统；二是棉条制备与铺装系统；三是施胶系统；四是复合、固化系统。

其中，棉条制备与铺装系统由岩棉分条机、棉条输送平台和布棉装置组成。

岩棉分条机是一组高速刀片，其作用是将岩棉板切割成所需宽度的棉条，通过调换锯片间的间隔套来调整棉条宽度，并配备有收尘系统。

棉条输送平台的作用是将切割好的棉条运送至布棉机。该设备一般采用链板输送。平台分为两部分，其间存在一个高度差，用于实现使棉条翻转90°。

布棉装置由几条收口导轨与边部夹送链板组成，在夹送部分装有砂轮，用于加工岩棉表面的沟槽。

(2) 钢丝网架复合板

钢丝网架复合板是以三维空间焊接的钢丝网架，内夹保温材料制成的增强芯板。这类板材在安装以后需要在现场喷抹水泥砂浆方能成墙。

根据生产工艺和网架结构差异，这类板材可以分为夹层式（如节能板）、集合式（如泰柏板）、整体式（如舒乐舍板）等。

钢丝网架用钢丝直径一般为2.1mm，芯材最常用的材料为聚苯乙烯泡沫板和半硬质岩棉板。对钢丝的基本要求为：材质为低碳冷拔镀锌钢丝，抗拉强度为550～650MPa。对聚苯乙烯泡沫板的基本要求是：表观密度为16～24kg/m³，抗压强度≥0.08MPa，热导率≤0.041W/（m·K），具有自熄性。对岩棉板的基本要求是：表观密度为100～1200kg/m³，热导率≤0.0407W/（m·K）。

钢丝网架复合板板芯的生产工艺因机组原理不同而有多种类型，其中最常用的有如下几种。

1）钢丝网片机械插丝法

以舒乐舍板为典型代表。工艺流程为钢丝铺放、点焊、插丝，均使用专门的机械，按规定的节拍自动完成。

2)"W"形钢丝条夹聚苯乙烯泡沫条法

该方法以泰柏板为典型代表。机组首先用3根钢丝，以不同的传送速度与传送轨迹组合成的"W"形钢丝条。在传送过程中，"W"形钢丝条与边丝被点焊机点焊在一起。

在操作平台上，将预先切成方条的聚苯乙烯泡沫与"W"形钢丝条相间排列，组成符合规定尺寸的板坯，然后放在夹具上，在两面点焊横向钢丝，组成完整的板芯。

(3) GRC夹芯复合板

GRC夹芯复合板分外墙内保温板和外墙板两大类。

GRC夹芯复合板的生产工艺与GRC平板、条板的生产工艺并没有根本不同，制作流程均为面层的制作，主要采用铺网抹浆法和喷射法。

混凝土加强肋一般采用C30豆石混凝土，坍落度为50～60mm，插入式振捣密实。两根钢筋沿肋高方向排列，在墙板顶部弯折构成吊环。

(4) 钢筋混凝土夹芯复合板

钢筋混凝土夹芯复合板由混凝土饰面层、保温层、钢筋混凝土结构层以及连接件组成，如常见的薄壁钢筋混凝土复合外墙板。

其中，混凝土饰面层的厚度一般为30mm，用白水泥、彩色水泥或普通水泥胶结，骨料最大粒径为10mm。

结构层用普通水泥制作，配合比同普通混凝土，强度等级一般要求不低于C30。依厚度不同，可以分为厚壁钢筋混凝土夹芯复合板和薄壁钢筋混凝土夹芯复合板两种类型。前者的钢筋混凝土结构层厚度可达80～120mm，可用于承重型外墙大板，后者的钢筋混凝土结构层厚度一般≤50mm，常用于非承重的外墙挂板。

保温层可以用膨胀珍珠岩现浇，也可直接铺放岩棉板、聚苯乙烯泡沫板。其厚度要根据当地气候和建筑节能标准计算。

钢筋混凝土夹芯复合板的制作工艺有正打和反打两种类型。

正打就是先打底层，然后铺放保温材料，最后打面层。这种方式的优点是在浇灌钢筋混凝土结构层时，可以充分振动，而不必考虑对保温层的破坏，缺点是对饰面花纹较难处理。

反打工艺是在模板上先铺放一层铸有花色图案的硅橡胶衬模，涂刷隔离剂后，先浇注面层装饰混凝土，摊平后放置纵向钢筋和连接件，再浇灌一层细石混凝土，埋置钢筋并振平，然后铺放岩棉等保温材料。铺放保温材料时，先在连接筋处划一道口，让连接筋垂直穿过，并在适当位置埋置预埋件，然后安置结构层钢筋网，与连接件扎实。为使钢筋网片抬起一定高度可在网片下方捆扎水泥块，最后浇灌混凝土拌和物，振动密实。

为了将来运输和安装方便，纵向钢筋两端可以做成吊环状。

钢筋混凝土复合板的生产线布置，可以采用台座法、流水传送法或机组流水法等多种形式。胎体在模具内的停留时间依养护条件而定。一般情况下，当混凝土的强度大于终期强度的40%以后，便可脱除模板，移至常规养护室养护。

为防止搬运过程中对表面层的损伤，在脱模以后，宜在表面覆盖塑料薄膜或用软包装材料隔离码垛。出厂前需要打包，运输时应当立放。

## 参考文献

[1] 王立久，曹明莉. 建筑材料新技术 [M]. 北京：中国建材工业出版社，2007.
[2] 黄士元，蒋家奋，杨南如，周兆桐等. 近代混凝土技术 [M]. 西安：陕西科学技术出版社，1998.
[3] 闫振甲，何艳君. 工业废渣生产建筑材料实用技术 [M]. 北京：化学工业出版社，2002.
[4] 邹惟前，邹菁. 利用固体废物生产新型建筑材料——配方、生产技术、应用 [M]. 北京：化学工业出版社，2004.
[5] 杨伯科. 混凝土实用新技术手册 [M]. 吉林：吉林科学技术出版社，1998.
[6] 建设部信息中心. 绿色节能建筑材料选用手册 [M]. 北京：中国建筑工业出版社，2008.
[7] 徐惠忠，周明. 新型建筑围护材料生产工艺与实用技术 [M]. 北京：化学工业出版社，2008.
[8] 陈燕，岳文海，董若兰. 石膏建筑材料 [M]. 北京：中国建材工业出版社，2003.
[9] 向才旺. 建筑石膏及其制品 [M]. 北京：中国建材工业出版社，1998.
[10] 张继能，顾同曾. 加气混凝土生产工艺 [M]. 武汉：武汉工业大学出版社，1992.

# 第3章 资源综合利用生产建筑材料

我国既有建筑达到420亿 $m^2$，每年新增的建筑物达到20～22亿 $m^2$，如此庞大的建筑量需要巨量的建筑材料来支撑，同时这个过程消耗了大量能源和资源，要实现建筑全过程的节材技术，在建筑材料生产过程中潜力巨大。因此，建筑材料的生产过程是建筑节材技术、理念最主要的实施途径和环节。建筑材料种类繁多，功能和用途各异，有大量的水泥、钢筋、砂石等基本的传统材料。传统的建筑材料生产几乎都用自然矿物原料，也有一些砌块、墙板、泡沫玻璃、陶粒等新型材料。在新型建筑材料中，部分工业废弃物得到了利用。

每种材料消耗的原材料不同，生产工艺也不尽相同。具体的建材节材技术主要有两点：其一，轻量化设计材料，尽量少地使用自然矿物原料；其二，改变配料方案，大量使用各种工业副产品和废渣。生产环节，节材的重点主要是后者。本章介绍各种工业废渣的概况及其建筑材料中的应用情况。

## 3.1 工业废渣概述

### 3.1.1 粉煤灰

#### 3.1.1.1 粉煤灰的性质
1. 粉煤灰的形成与结构

粉煤灰是燃烧煤粉的锅炉排放的似火山灰质混合材料的废渣，其外观相似、颗粒较细，为不均匀的复杂多相物质。将煤磨成粒径小于 $100\mu m$ 的煤粉，用预热空气喷入锅炉炉膛使其呈悬浮状态燃烧，煤粉中的绝大部分可燃物都能在炉内烧尽，而煤粉中的不燃物将大量混杂在高温烟气中。这些不燃物受到高温作用而部分熔融。同时，由于其表面张力的作用，形成大量细小的球形颗粒。在锅炉尾部引风机的抽气作用下，含有大量灰分的烟气流向炉尾。随着烟气温度的降低，一部分熔融的细粒因受到一定程度的急冷，呈玻璃体状态。在将烟气排入大气之前，这些颗粒经过分离、收集，即为粉煤灰。

粉煤灰是在煤粉燃烧和排出过程中形成的，其结构比较复杂，一般是以颗粒形态存在的，颗粒的矿物组成、粒径大小、形态等各不相同。在显微镜下观察，粉煤灰是晶体、玻璃体及少量未燃炭组成的结构复杂的混合体。混合体中这三者的比例随着煤及煤燃烧时所选用的技术工艺不同而不同。粉煤灰中的晶体包括石英、莫来石、磁铁矿等；玻璃体包括光滑的球形玻璃体颗粒、形状不规则且孔隙少的小颗粒、疏松多孔且形状不规则的玻璃体球等；未燃炭多呈疏松多孔结构。不同结构的粉煤灰颗粒具有不同的化学和矿物性能。小颗粒通常比大颗粒更容易呈现玻璃结构，并具有更高的化学活性。

2. 粉煤灰的化学组成与物理性质

(1) 粉煤灰的化学组成

粉煤灰的化学组成与黏土相似,我国火电厂粉煤灰的主要氧化物组成为:$SiO_2$、$Al_2O_3$、$FeO$、$Fe_2O_3$、$CaO$、$TiO_2$、$MgO$、$K_2O$、$Na_2O$、$SO_3$、$MnO$ 等,此外还有 $P_2O_5$ 等。其中,氧化硅、氧化钛来自黏土、岩页;氧化铁主要来自黄铁矿;氧化镁和氧化钙来自相应的碳酸盐和硫酸盐。

由于煤的灰量变化范围很广,而且这一变化不仅发生在来自世界各地或同一地区不同煤层的煤中,甚至也发生在同一煤矿不同部位的煤中。因此,粉煤灰的具体化学成分也就因煤的产地、煤的燃烧方式和程度等的不同而有所不同。其主要化学组成如表 3-1 所示。

我国电厂粉煤灰化学组成　　　　　　　　　　　　　　　表 3-1

| 成分 | $SiO_2$ | $Al_2O_3$ | $Fe_2O_3$ | $CaO$ | $MgO$ | $SO_3$ | $Na_2O+K_2O$ | 烧失量 |
|---|---|---|---|---|---|---|---|---|
| 含量(%) | 43～56 | 20～35 | 4～10 | 1.5～5.5 | 0.6～2 | 0.5～1.5 | 1.0～2.5 | 3～20 |

(2) 粉煤灰的物理性质

粉煤灰的物理性质包括密度、堆积密度、细度、比表面积、需水量等,这些性质是化学成分及矿物组成的宏观反映。由于粉煤灰的组成波动范围很大,这就决定了其物理性质的差异也很大,如表 3-2 所示。

粉煤灰的基本物理特性　　　　　　　　　　　　　　　表 3-2

| 项　目 | | 数据范围 | 平　均　值 |
|---|---|---|---|
| 密度(g/cm³) | | 1.9～2.9 | 2.1 |
| 堆积密度/(g/cm³) | | 534～1261 | 780 |
| 密实度(g/cm³) | | 25.6～47.0 | 36.5 |
| 比表面积(cm²/g) | 氧吸附法 | 800～195000 | 34000 |
| | 透气法 | 1180～6530 | 3300 |
| 原灰标准稠度(%) | | 27.3～66.7 | 48.0 |
| 需水量(%) | | 89～130 | 106 |
| 28d 抗压强度比(%) | | 37～85 | 66 |

粉煤灰的细度和粒度是比较重要的指标,它们直接影响着粉煤灰的其他性质,粉煤灰越细,细粉占的比重越大,其活性也越大。

3. 粉煤灰的火山灰活性

粉煤灰的活性是其应用的基础,也是衡量粉煤灰可利用性的重要指标。

火山灰反应是指一种材料与石灰或水泥水化生成的 $Ca(OH)_2$ 作用生成水化硅酸钙和含铝水化物的反应。火山灰活性是指这种材料参与火山灰反应的能力。

玻璃体是粉煤灰火山灰活性的来源。粉煤灰中玻璃体含量及球状玻璃体与多孔玻璃体的比率变化很大,主要取决于煤的品种、煤粉细度、燃烧温度和电厂运行情况。煤的灰分大、颗粒粗、燃烧温度低,电厂运行不正常,则玻璃体含量和玻璃球的比率就低,粉煤灰的品质就较低。另外,粉煤灰的含碳量越高,则玻璃体和玻璃球含量较低。

此外,玻璃体的成分与活性也有关系,Ca 进入玻璃体使活性加强,而 Fe 则降低活性。

对于低钙粉煤灰的活性而言,主要取决于非晶质玻璃体的性质。低钙粉煤灰中的晶质矿物在常温下是惰性的,只有硫酸盐有益于玻璃体的水化,但其硫酸盐的含量很低。因此,玻璃体越多,比表面积越大,低钙粉煤灰的活性越高。而高钙粉煤灰中往往有较多的氧化钙(CaO)晶体,而且富钙玻璃体也较多,因而显示出较强的反应活性,并具有一定的自硬性。高钙粉煤灰的活性一般都比低钙粉煤灰高。

要想充分利用粉煤灰,以减少污染和充分利用资源,就必须提高粉煤灰的活性。我国长期从事粉煤灰混凝土研究的专家沈旦申教授等,结合粉煤灰基本性能、混凝土组成、粉煤灰混凝土的基本性能三者之间关系的现象学研究基础上,提出了"粉煤灰效应"假说——形态效应、微集料效应、活性效应,即粉煤灰在水泥混凝土中实际发挥的效能。使人们认识到了粉煤灰的潜在活性,因而开始热衷于粉煤灰的活化方法的研究。目前,提高粉煤灰活性的方法主要有以下几种:磨细粉煤灰、化学物质活化、改变粉煤灰组成和物相结构、热力活化法。

4. 粉煤灰活化技术

所谓活化,是指通过一定的手段,使粉煤灰的潜在活性得以较快的发挥,即玻璃体中的活性 $SiO_2$ 和 $Al_2O_3$ 能较早地与 $Ca(OH)_2$ 反应。粉煤灰的活化主要有机械活化、化学活化和热力活化等方式。通常采用机械活化和化学活化,下面主要介绍这两种活化技术。

(1) 机械活化(磨细活化法)

现在大多数水泥厂生产粉煤灰水泥的方式是将粉煤灰与水泥熟料、石膏共同入磨机粉磨,这时粉煤灰细颗粒填充于熟料颗粒间的空隙,而受不到粉磨作用。虽然可以通过提高共同粉磨的细度来改善水泥性能,但耗电量会增加很多。若将粉煤灰在适当的粉磨设备中磨细,然后再与水泥混合,将会达到较好的效果。因为粉煤灰在单独粉磨时,一方面可以粉碎粗大多孔的玻璃体,解除玻璃颗粒的粘结,改善其表面特性,减少配合料在混合过程中的摩擦,改善物料级配,提高其物理活性;另一方面,粗大玻璃体,尤其是多孔和颗粒粘结的破坏,损坏了玻璃体表面的保护膜,使内部的可溶性 $SiO_2$ 和 $Al_2O_3$ 溶出,断键增多,面积增大,反应接触面积增加,活性分子增多,粉煤灰早期化学活性提高。

(2) 化学活化

化学活化常用的方法是加一定量的化学激发剂,使之促进粉煤灰玻璃体 Si—O—Si、Si—O—Al 键的断裂,同时与之生成水化物。较常用的激发剂有硫酸钠、硫铝酸盐、氟硅酸盐及其他无机物等,它们在 CaO 存在的条件下,与 $SO_4^{2-}$ 和 $Al_2O_3$ 形成钙矾石,同时 $SO_4^{2-}$ 对 $SiO_2$ 形成水化硅酸钙也有促进作用。

### 3.1.1.2 粉煤灰的排放量

我国是个产煤大国,也是以煤炭为主要能源结构的国家,煤炭在许多领域都有广泛应用。电力行业以煤炭为基本燃料,目前在我国电力生产中,70%~80%是靠煤炭燃烧进行热电交换的。另外,很多工业企业的日常生产、北方地区冬季供热等都需要煤炭,因此粉煤灰是我国当前排量较大的工业废渣之一。近年来,我国的能源工业稳步发展,发电能力年增长率为7.3%。电力工业的迅速发展,使得粉煤灰排放量急剧增加,燃煤热电厂每年所排放的粉煤灰总量逐年增加,1995年粉煤灰排放量达1.25亿t,2000年约为1.5亿t,2010年将达到3亿t。如果对这些粉煤灰不加处理,就会产生扬尘,污染大气;若直接排入水系,则会造成河流淤塞,而其中的一些化学物质还会对人体和生物造成危害。因此,粉煤灰的大量排放给我国的国民经济及生态环境造成了巨大的压力,同时粉煤灰的处理和利用问题也引起了人们的广泛关注。

### 3.1.2 矿渣

#### 3.1.2.1 矿渣的分类

矿渣是各种工矿企业在开采、冶炼、生产活动中排放出的废物。按照工矿企业开采、冶炼、生产的矿产类别的不同，可以分为冶金废渣、化学工业废渣、放射性物质废渣和其他废渣。

冶金废渣是指在冶炼金属过程中或冶炼后排出的所有废物，通常可以分为黑色金属冶炼排出物，如高炉矿渣、钢渣、化铁炉渣、铁合金渣等；以及有色金属冶炼排出物，如铜渣、铅渣、镍渣、锌渣等。化学工业废渣是指化学工业企业在生产过程中排出的所有废渣，如无机盐、黄磷、氯碱、硫酸等工业废渣；放射性物质废渣是放射性物质在开采、冶炼、生产、辐射后回收过程中产生的废弃渣和浓缩残渣排出物等；其他废渣包括采矿废渣、燃料炉渣、玻璃、陶瓷等其他工业企业排放的废渣。

我国矿渣的排放量很大且难以统计，在回收利用方面也不平衡，主要集中于钢渣、高炉渣、炉渣、有色金属等，对其他矿渣的利用还亟待开发。

#### 3.1.2.2 各类矿渣概况

1. 高炉矿渣

（1）高炉矿渣的产生及其主要成分。

高炉矿渣是冶炼生铁时从高炉中排出的一种废渣。高炉冶炼生铁时，从高炉加入的原料包括铁矿石、焦炭、助熔剂（石灰石或者白云石）等，这些原料在冶炼过程中会发生复杂的化学反应。由于部分铁矿石中含有脉石，而脉石主要由 $SiO_2$、$Al_2O_3$ 等组成，当炉温达到 1400～1600℃时，助熔剂与铁矿石发生高温反应生成生铁和高炉矿渣。高炉矿渣是由矿石中的脉石、燃料中的灰分、助熔剂（石灰石）和其他不能进入生铁中的杂质组成的，它是一种易熔的混合物。高炉矿渣主要有高炉水渣和重矿渣之分。高炉水渣是炼铁高炉排渣时，用水急速冷却而形成的散颗粒状物料，其活性较高，目前这类矿渣约占矿渣总量的 85% 左右。重矿渣是指在空气中自然冷却或极少量水促其冷却形成容重和块度较大的石质物料。

高炉矿渣的主要成分有 $CaO$、$SiO_2$、$MgO$、$Al_2O_3$、$MnO_2$、$Fe_2O_3$ 等。$SiO_2$ 和 $MnO$ 主要来自矿石中的脉石和焦炭的灰分，$CaO$ 和 $MgO$ 主要来自熔剂。上述 4 种主要成分在高炉矿渣中占 90% 以上。从化学成分来看，高炉矿渣属于硅酸盐质材料。由于炼铁原料品种和成分的变化以及操作工艺因素的影响，矿渣的组成和性质也不同。按照冶炼生铁的品种，高炉矿渣可分为铸造生铁矿渣、炼钢生铁矿渣和特种生铁矿渣。它们分别是冶炼铸造生铁时、冶炼供炼钢用生铁时和用含有其他金属的铁矿石熔炼生铁时排出的矿渣。按照高炉矿渣化学成分中的碱性氧化物的多少，高炉矿渣又可分为碱性矿渣、中性矿渣和酸性矿渣。

高炉矿渣的化学成分中的碱性氧化物之和与酸性氧化物之和的比值称为高炉矿渣的碱度或碱性率（以 $M_0$ 表示），即：碱性率 $M_0 = (CaO+MgO)/(SiO_2+Al_2O_3)$。按照高炉矿渣的碱性率（$M_0$）可以把矿渣分为：碱性矿渣（碱性率 $M_0>1$ 的矿渣）、中性矿渣（碱性率 $M_0=1$ 的矿渣）和酸性矿渣（碱性率 $M_0<1$ 的矿渣）3 类，这是高炉矿渣最常用

的一种分类方法。碱性率比较直观地反映了重矿渣中碱性氧化物和酸性氧化物含量的关系。

我国高炉矿渣的化学成分如表 3-3 所示。

我国各类重矿渣化学成分　　　　　　　　　　表 3-3

| 矿渣种类 | 化学成分（％） | | | | | | | | |
|---|---|---|---|---|---|---|---|---|---|
| | CaO | $SiO_2$ | $Al_2O_3$ | MgO | MnO | FeO | ΣS | $TiO_2$ | $V_2O_5$ |
| 普通矿渣 | 31～50 | 31～44 | 6～18 | 1～16 | 0.05～2.6 | 0.2～1.5 | 0.2～2 | — | — |
| 锰铁矿渣 | 28～47 | 22～35 | 7～22 | 1～9 | 3～24 | 0.2～1.7 | 0.17～2 | — | — |
| 钒铁矿渣 | 20～31 | 19～32 | 13～17 | 7～9 | 0.3～1.2 | 0.2～0.9 | 0.2～0.9 | 6～31 | 0.06～1 |

（2）矿渣物理性能

我国普通型矿渣包括如下矿物成分：$C_2S$、$C_2AS$、α—CS、CMS、$CMS_2$、MA 等。矿渣的密度波动不大，一般在 $2.97～3.0g/cm^3$ 之间。

矿渣的孔隙率与其形成条件有关。CaO、MgO 含量较高，气体含量较少的热熔矿渣，倾倒在干燥场地上缓慢冷却，则形成较致密的重矿渣。如熔渣中气体含量较高，熔渣又倾倒在潮湿场地上或在熔渣冷却过程中，偶尔混入碳酸盐一类矿物，就可能形成多孔体。矿渣块体容重多在 $1900kg/m^3$ 左右，相应的孔隙率在 35％以下。

矿渣的抗压强度，一般随其容重的增大而提高。我国各大钢铁企业所产的重矿渣，容重多在 $1900kg/m^3$ 以上，抗压强度大于 50MPa，相当于一般质量的天然石材。

（3）高炉矿渣的排放量

高炉矿渣的排放量根据铁矿石成分、熔剂质量、焦碳质量以及所炼生铁种类的不同而变化。一般每生产 1t 生铁，要排出 0.25～1.2t 废渣。例如采用贫铁矿炼铁时，每吨生铁产出 1.0～1.2t 高炉渣；用富铁矿炼铁时，每吨生铁只产出 0.25t 高炉渣。由于近代选矿和炼铁技术的提高，每吨生铁产出的高炉矿渣量已经大大下降，但总体来说，它仍然是冶金工业中排放量最多的一种工业废渣。

2. 钢渣

（1）钢渣的来源、形态及其主要成分

钢渣是炼钢过程中排出的一种废渣。钢和铁的主要成分都是铁碳合金，两者的主要区别在于含碳量不同。生铁含碳量都在 1.7％以上，有时高达 4％，而钢的含碳量在 1.7％以下。由于生铁含碳量较高，其脆而不易加工。在进一步冶炼去除生铁中的碳、硅、磷、硫等杂质以使其具有特定的性质时，就产生了钢渣。

钢渣主要来源于铁水与废钢中所含元素氧化后形成的氧化物，同时也来自冶炼过程中向炉内加入的石灰石、萤石、硅石以及氧化剂、脱硫产物等，以及被侵蚀、剥落下来的炉衬材料。

钢渣在 1500～1700℃的条件下形成，在高温下呈液态，缓慢冷却后呈块状，一般为深灰、深褐色。但是钢渣中可能含有的游离钙、镁氧化物，会与水或湿气反应转化为氢氧化物，从而使渣块体积膨胀而碎裂；有时也会因所含大量硅酸二钙在冷却过程中（约为 675℃时）发生的由 β 型结构向 γ 型结构的转变而碎裂。另外，如以适量水处理液体钢渣，也能淬冷成粒。

钢渣的主要成分是钙、铁、硅、镁、铝、锰、磷等氧化物。主要的矿物相为硅酸三钙、硅酸二钙、钙镁橄榄石、钙镁蔷薇辉石、铁铝酸钙以及硅、镁、铁、锰、磷的氧化物形成的固熔体，还含有少量游离氧化钙以及金属铁、氟磷灰石等。有的地区因矿石含钛和钒，钢渣中也含有少量的这些成分。钢渣中各种成分的含量因炼钢炉型、钢种以及每炉钢冶炼阶段等的不同，会有较大的差异。

（2）钢渣的排放量

近年来，我国钢产量连续保持着高增长速度。2006 年，我国钢产量达到了 4.2 亿 t，已经连续 11 年居世界第一位。2009 年，全国钢铁企业钢铁产量超过了 6 亿 t。随着钢产量的迅速增长，钢铁企业产生的主要固体废弃物——钢铁渣的总量也在急剧增加。据统计，我国钢渣年排放量为 1600 余万 t，钢渣利用率接近 88.29%，从利用率上来看，钢渣的利用在固体废弃物利用中是比较高的，但是钢渣的利用还存在许多问题，还未做到有效的完全利用。比如，有的钢渣还含有大量废钢就作为回填材料埋在地下，大量的废钢没有被回收。因此，可以说钢渣利用率还远未尽人意。

对钢渣的回收利用已经成为影响钢铁生产与环境、社会和谐发展的重要因素之一。发展循环经济是实现钢铁工业可持续发展的必由之路。循环经济的本质是生态经济，其核心是资源的综合利用。钢铁渣是一种潜在的资源，必须尽可能地加以回收利用。

3. 化铁炉渣、铁合金渣和铬渣

化铁炉渣是炼钢厂和机械铸造厂用化铁炉熔化炼钢生铁和铸造生铁时排出的废渣，是由生铁、焦碳及适量石灰石、萤石经高温熔融后的浮渣水淬而得的。炼钢生铁化铁炉渣多数呈碱性，每吨生铁产出渣约 100kg，铸造生铁化铁炉渣多数呈酸性，每吨生铁产渣约 80kg。

铁合金生产的主要污染物有烟尘、废渣、废水，对环境影响最大的是烟尘。根据规定，废气可分为含颗粒物废气和含气态污染物废气两大类。铁合金厂废气来源于矿热电炉、精炼电炉、焙烧回转窑、多层机械焙烧炉和铝金属法熔炼炉。铁合金厂废气的排放量大，含尘浓度高，废气中 90% 是二氧化硅，还含有氯气、氮氧化物、一氧化碳、二氧化硫等。废渣、废水里所含铬化合物对环境的污染最为严重。国家经贸委、环保总局等部门联合下发的《关于加快我国铁合金工业结构调整的意见》中（国经贸产业 [1999] 633 号）提出，从 1999 年起到 2005 年，停止新建各类铁合金电炉（炉窑）和高炉。

铬渣是在金属铬冶炼及重铬酸钠和铬酸酐等铬盐生产过程中排出的废渣，大多数呈粉末状。铬渣中含有毒性很大的六价铬。铬渣的主要成分有 $CaO$、$MgO$、$Al_2O_3$、$Fe_2O_3$、$SiO_2$。每生产 1t 铬酸钠，将有 3～3.5t 的铬渣产生，而生产 1t 金属铬，约有 15t 铬渣产生。据估计，我国每年约有 $2 \times 10^5$～$3 \times 10^5$ t 铬渣排放。历年累计约有 $3 \times 10^6$ t 铬渣堆放场地。

4. 其他矿渣

除以上介绍的几种矿渣外，还有许多种矿渣和废渣。包括有色金属冶炼排出物，如铜渣、铅渣、镍渣、锌渣等；化学工业废渣，如无机盐、黄磷、氯碱、硫酸等；放射性物质废渣；采矿废渣、燃料炉渣、玻璃、陶瓷等其他工业企业排放的废渣。在此不再赘述。

### 3.1.3 煤矸石

#### 3.1.3.1 煤矸石的来源、分类与化学成分

1. 煤矸石的来源

煤矸石是夹在煤层间的比煤坚硬的黑灰色岩石，是碳质、泥质和砂质页岩的混合物，伴随着煤的形成而产生。我们通常所说的煤矸石包括巷道掘进过程中的掘进矸石、采掘过程中从顶板、底板及夹层里采出的矸石以及洗煤过程中挑出的洗矸石，是矿业固体废物的一种。

2. 煤矸石的分类与化学成分

煤矸石的种类很多，但煤矸石都含有一定量的碳，燃烧后属于火山灰质黏土。常见的煤矸石可分为以下几类：

（1）泥质页岩煤矸石：常见的有深灰色，在大气中经日晒雨淋后易风化、易崩解，加工时容易粉碎。

（2）炭质页岩煤矸石：呈黑色和黑灰色，大气中风化较快，易粉碎。

（3）砂质页岩煤矸石：呈深灰色和灰白色，含泥质、炭质石灰粉砂岩，其结构较泥质页岩煤矸石和灰质页岩煤矸石粗糙而坚硬，在大气中风化较慢，加工时难以粉碎。

（4）砂岩煤矸石：呈黑色或深灰色，含砂质、泥质石灰粉砂岩，结构粗糙，呈块状椭圆形，在大气中基本不风化，难以粉碎。

（5）石灰岩煤矸石：呈灰色、结构粗糙坚硬，比砂岩煤矸石性脆，在大气中不易风化，难以粉碎。

以上 5 种常见的煤矸石，各有其特点，制作建筑材料时应根据当地煤矸石的品种及性能再选择要制作的产品，切不可盲目照搬照抄。

煤矸石具有低发热值，发热量一般为 1300～6300kJ/kg。我国煤矸石的发热量多在 6300kJ/kg 以下，其中低于 1300kJ/kg 的、介于 3300～6300kJ/kg、1300～3300kJ/kg 的各占 30%，而高于 6300kJ/kg 的仅占 10%。且各地煤矸石的热值差别非常大。

煤矸石的岩石种类和矿物组成直接影响煤矸石的化学成分，其主要成分有 $Al_2O_3$、$SiO_2$，另外还含有数量不等的 $Fe_2O_3$、$CaO$、$MgO$、$Na_2O$、$K_2O$、$P_2O_5$、$SO_3$ 和微量稀有元素（镓、钒、钛、钴）。表 3-4 所示为 3 个国家的煤矸石化学组成。

3 个国家的煤矸石化学组成  表 3-4

| 国家 | 无机物/（%） | | | | | | | | | | | 有机物烧失量/（%） |
|---|---|---|---|---|---|---|---|---|---|---|---|---|
| | $SiO_2$ | $Al_2O_3$ | $Fe_2O_3$ | $CaO$ | $MgO$ | $SO_3$ | $TiO_2$ | $K_2O$ | $Na_2O$ | $MnO$ | $K_2O+Na_2O$ | |
| 中国 | 50～56 | 13～18 | 0.73～5.43 | 0.7～5.25 | 0.7～1.3 | 0.12 | 0.55～0.61 | 3.29 | 1.08～1.31 | 0.05～0.75 | — | 13.26～17.04 |
| 美国 | 50～57 | 30～37 | 3～10 | 1～2 | 0～1 | 0～1 | 1～2 | — | — | — | 1～3 | 10.49 |
| 法国 | 54.68 | 17.8 | 2.96 | 0.7 | 0.7 | — | 0.5 | 3.29 | 1.31 | 0.05 | — | 16.2 |

3. 煤矸石活化技术

煤矸石活性的激发通常有三种途径：一是热激活，即通过煅烧未自燃的煤矸石，一方面可以除去其中的碳，另外还可以使煤矸石中的黏土质材料受热分解为具有活性的物质，从而激发其活性；二是物理激活，即通过细化来激发煤矸石的活性，同时考虑不同煤矸石的颗粒分布特征，以及不同煤矸石颗粒与水泥颗粒搭配情况对活性的影响，以找到最佳的配比；三是化学激活，即通过一些化学激发剂，激发煤矸石的潜在活性，使水泥水化后的二次反应加速，同时增加水化产物，使得煤矸石水泥胶凝体系的强度有所提高。

### 3.1.3.2 煤矸石的排放量

煤矸石的排放可来自开采、洗煤环节，包括巷道掘进过程中的掘进矸石、采掘过程中从顶板、底板及夹层里采出的矸石以及洗煤过程中挑出的洗矸石。

从煤炭开采来看，中国每年生产1亿t煤炭，排放煤矸石约1400万t左右；从煤炭洗选加工来看，每洗选1亿t炼焦煤排放矸石量约2000万t，每洗1亿t动力煤，排放矸石量约1500万t。煤矸石的大量堆放，不仅压占土地，影响生态环境，同时煤矸石淋溶水也将污染周围土壤和地下水，而且煤矸石中含有一定的可燃物，在适宜的条件下将发生自燃，排放的二氧化硫、氮氧化物、碳氧化物和烟尘等有害气体也将污染大气环境，影响矿区居民的身体健康。保护环境是中国的基本国策，随着国家环保执法力度的不断加大，人们对环境质量要求的提高，解决煤矸石污染环境问题显得越来越突出。

### 3.1.4 稻壳灰、淤泥

稻壳灰即稻壳燃烧后的灰烬。它的物理性能受燃烧条件影响，当燃烧不完全时，灰中含大量残留碳，因此呈黑色；当燃烧完全时，则呈灰白色。稻壳灰中含量最大的是二氧化硅（质量分数为0.55~0.97），其次为碳，还有少量金属氧化物（质量分数小于0.005），如氧化钾、氧化钠、氧化镁和氧化钙等，由于其$SiO_2$的含量较高，因而具有很好的火山灰活性。

稻壳灰的化学组成因稻壳的品种、产地和壳厚度的不同而有所差异。稻壳灰中晶体的结构和形态因温度变化会有较大变化。700℃以下，石英与方石英并存，但以石英为主，随温度的上升，方石英增加，到1280℃时方石英不再增加，稻壳灰的晶体结构基本稳定。

由于稻壳灰具有很好的火山灰活性，因此其应用比较广泛。在化工行业可以代替一些含硅原料、通过一定的工艺流程制得物美价廉的硅酸盐产品，如白炭黑、水玻璃、制膜面料等；在建材行业，可以用来生产混合水泥或者代替硅土制取水泥，还可以制砖。稻壳灰还可以作为油脂吸附脱色剂。在农业上，可以制作硅肥，改良土壤。总之，稻壳灰作为一种废物，物美价廉，成本低，所以它的利用将会越来越广泛。

淤泥来自于江海、湖泊、河道和城市下水道，是沉淀在流水环境中柔软的细粒或极细的土粒，一般为未完全凝固的沉淀物。按照粒度、组成不同，可以分为粉土质、黏土质和细砂质，以粉土质和黏土质为主；从来源上可以分为海滨淤泥和淡水淤泥。海滨淤泥来自海域或咸水域，主要成分以伊利石和蒙脱石为主；淡水淤泥来自湖泊、河道等淡水域，其主要成分以伊利石和高岭石为主。淤泥含有较多的有机质，其含量随深度的增加而减少。淤泥具有触变性，结构随受力变化十分敏感，结构及其强度受力破坏后能自动复原。淤泥的天然含水率高于液限，孔隙比多大于1.0；干密度小，只有0.8~0.9g/cm³；压缩性特别高，当压力自$9.8×10^4$Pa增加到$1.96×10^5$Pa时，压缩系数大于0.05；而压力自$9.8×10^4$Pa增加到$2.94×10^5$Pa时，压缩系数大于0.1。强度极低时，常处于流动状态，视为软弱地基。淤泥按孔隙比可再细分为淤泥（孔隙比大于1.5）和淤泥质土（孔隙比为1~1.5）。据有关部门统计，我国每年从湖泊、河道、城市下水道采集的淤泥可达1亿t以上，如此多的淤泥如果不加处理，任意堆放，势必会污染环境，浪费、占用空间。因此，采集、开发淤泥，已成为改善环境、变废为宝的利国利民工程。

### 3.1.5 工业石膏

工业过程副产石膏主要有脱硫石膏、氟石膏、磷石膏等。

#### 3.1.5.1 脱硫石膏

脱硫石膏又称排烟脱硫石膏、硫石膏或 FGD 石膏，是发电厂对含硫燃料（煤、油等）燃烧后产生的烟气进行脱硫净化处理时产生的一种工业副产品，由 $SO_2$ 和 $CaCO_3$ 反应生成，主要成分和天然石膏一样，为二水硫酸钙（$CaSO_4 \cdot 2H_2O$）。它可能还含有一些杂质，如未反应完的碳酸钙、石灰石中所含有少量钾盐、钠盐和其他杂质等，含量一般不大于 0.5%。脱硫石膏呈粉状，其含水率一般为 10%～15%，与天然石膏相比较细，平均粒径约 40～60μm，颗粒呈短柱状，径长比在 1.5～2.5 之间，颜色一般呈灰黄色和灰白色。灰色是由于脱硫烟气所含的飞灰所致。脱硫石膏二水硫酸钙含量较高，一般都在 90% 以上，含游离水一般在 10%～15%，另外还含有飞灰、有机碳、碳酸钙、亚硫酸钙及含钠、钾、镁的硫酸盐或氯化物组成的可溶性盐等杂质，化学组成如表 3-5 所示。

脱硫石膏的化学成分　　　　　表 3-5

| 成　分 | CaO | $SiO_2$ | $SO_3$ | $Al_2O_3$ | MgO | $Fe_2O_3$ | $H_2O$ |
|---|---|---|---|---|---|---|---|
| 含量（%） | 31.58 | 2.67 | 42.41 | 0.64 | 1.00 | 0.45 | 19.22 |

目前，世界上锅炉烟气的脱硫工艺技术有很多种，有的较为成熟，已经在工业上广泛运用，有的尚处于试验研究阶段。湿法脱硫是目前世界上应用最广泛，也是技术最为成熟的脱硫工艺，其所用的脱硫剂一般为石灰或石灰石。其特点是脱硫率高（一般在 90% 以上）、运行状况稳定、对煤种变化的适应性强等，适合于不同规模的电厂脱硫。缺点是有废水，因而需回收处理，占地大，投资高。干法采用石灰为脱硫剂，投资少，占地小，脱硫率高（90% 以上），一般适合于中等规模的电厂脱硫，产物中亚硫酸钙含量高。

目前，世界上有很多国家和地区都应用了排烟脱硫装置，脱硫工艺是以湿法为主，脱硫剂多采用石灰或石灰石，一般每吸收 1t 二氧化硫就可以产生脱硫石膏 2.7t。我国的电厂采用烟气脱硫措施的历史不长，而采用工艺先进、耗资巨大的湿法石灰/石灰石—石膏脱硫工艺更是从 20 世纪 90 年代才开始的。

#### 3.1.5.2 氟石膏

氟石膏是氢氟酸生产过程中的副产品，是由硫酸与萤石反应而得的、以硫酸钙为主要成分的废渣。因它含有少量尚未反应的 $CaF_2$，所以又称为氟石膏。它主要产自无机氟化物、有机氟化物以及其他氢氟酸生产厂，氟石膏的主要化学成分如表 3-6 所示。

氟石膏化学成分　　　　　表 3-6

| 成　分 | CaO | $SO_3$ | $SiO_2$ | $Al_2O_3$ | $Fe_2O_3$ | MgO | $CaF_2$ | Loss（400℃） |
|---|---|---|---|---|---|---|---|---|
| 含量（%） | 32～38 | 38～50 | 0.6～4.0 | 0.1～2.0 | 0.05～0.25 | 0.1～0.8 | 2.5～6.5 | 3.0～19 |

从反应炉中排除氟石膏时，料温为 180～230℃，燃气温度为 800～1000℃，排出的石膏为无水硫酸钙，在有水的条件下堆放 3 个月左右，可基本转化为二水硫酸钙。在排出的氟石膏中，常伴有未反应的 $CaF_2$ 和 $H_2SO_4$，有时由于含量较高，使排出的石膏呈强酸性，因此不能直接弃置。我国一般有两种处理方法：一种是石灰中和法，即将刚出炉的石

膏加水打浆，投入石灰中和至 ph＝7 左右时排放。加入的石灰中和硫酸，可进一步生成硫酸钙。采用这种处理方法，氟石膏的纯度较高，可达到 80%～90%，称为石灰—氟石膏。第二种方法是铝土矿中和法，即将石膏加入到铝土矿中，中和剩余的硫酸，可回收有用的产品硫酸铝。剩余在石膏中的硫酸铝水解，使其略呈酸性，再加石灰中和至 ph＝7 左右，然后排出堆放。因铝土矿中含 40% 左右的 $SiO_2$ 及其他杂质，因而使最后排出的氟石膏品位下降至 70%～80%，这种石膏称为铝土—氟石膏。

氟石膏的产量与氢氟酸生产的设备有一定的关系。一般情况下，每生产 1t 氢氟酸就产生 4t 氟石膏。刚出窑时，氟石膏中含有残余的萤石与硫酸，浸出液中氟及硫酸的含量都较高，超过《危险废物鉴别标准》规定的限值，属腐蚀性强的有害固体废弃物，对植物、动物、人都有极大的危害。通常，只是对大部分氟石膏稍加处理后就作为一般固体废弃物堆存。直接堆存不仅占用土地，还污染地下土质和水资源。因此，处理和利用氟石膏，对生态环境的保护具有十分重要的意义。

### 3.1.5.3 磷石膏

磷石膏是磷铵厂和磷酸氢钙厂在生产磷肥的过程中排出的废渣，其主要化学成分是硫酸钙。其反应为：$Ca_5(PO_4)_3F$（磷矿）$+H_2SO_4 = H_3PO_4 + 2CaSO_4$（磷石膏）$+HF$。

有研究表明，磷石膏与天然二水石膏化学成分相同，结晶形态相似，硫酸钙含量为 91%～93%，并含有少量游离磷酸、氟及有机物，放射性元素含量低于国家标准要求。湿法磷酸生产工艺都是通过磷酸矿粉生产萃取料浆，然后过滤洗涤制得磷酸，过滤洗涤的过程中产生磷石膏废弃物。磷石膏一般呈粉状，外观基本为灰白、灰黄、浅绿等颜色，还含有有机磷、硫氟类化合物，相对密度为 2.22～2.3，容重为 0.733～0.88g/cm³，颗粒直径约为 5～150μm。其主要成分为二水硫酸钙（$CaSO_4 \cdot 2H_2O$），含量一般可达到 70%～90% 左右。所含的次要成分随磷矿石产地不同而不同，一般都含有岩石成分 Ca、Mg 的磷酸盐及硅酸盐。磷石膏杂质分两大类：不溶性杂质，如石英、未分解的磷灰石、不溶性 $P_2O_5$、共晶 $P_2O_5$、氟化物及氟、铝、镁的磷酸盐和硫酸盐；可溶性杂质，如水溶性 $P_2O_5$，溶解度较低的氟化物和硫酸盐。此外，磷石膏中还含砷、铜、锌、铁、锰、铅、镉、汞及放射性元素，但都极其微量，且大多数为不溶性固体。一般情况下，每生产 1t 磷酸约产生 5～6t 磷石膏，每生产 1t 磷酸二铵，排放 2.5～5t 磷石膏。我国目前每年排放磷石膏总量约 2000t，累计排量近亿吨，是石膏废渣中排量最大的一种，占工业副产石膏的 70% 以上。其中湿法磷酸年产量约为 100 多万 t，而随着近几年来高浓度复合肥工业的迅猛发展，每年由磷肥化工企业排出的磷石膏超过 1000 万 t。排出的磷石膏渣占用大量土地，形成渣山，严重污染环境。由于磷石膏含有五氧化二磷、氟及游离酸等有害物质，如果任意排放会造成严重的土壤、水系等环境污染。而设置堆场，不仅占地多、投资大、堆渣费用高，且对堆场的地质条件要求高，磷石膏长期堆积还会引起地表水及地下水的污染。

## 3.2 工业废渣综合利用

### 3.2.1 粉煤灰综合利用技术

如前所述，粉煤灰的堆存是个大问题，另一方面粉煤灰的用途非常广泛，使用得当不仅可以解决环境、土地等问题，还可以减少矿产资源的开采量。粉煤灰最早用于生产建筑材料，现在随着科技的进步，粉煤灰的利用已趋于多元化、全方位，从中、低科技水平的利用，如填坑、筑路、建材、农业、填充土块等发展到高科技水平的利用，其产品已扩展到石油、化工、冶金、机械、军工、保温、隔热、耐火材料及潜艇浮力材料。用于塑料、橡胶、涂料、油漆、泡沫材料、玻璃钢、颜料工业作填料；用于石油工业的固井和裂化催化剂；坦克、汽车工业做摩擦片；电子工业作封装及密封绝缘材料；其他各种对耐磨性能要求高的器件原料以及航天飞机和宇宙飞船的封孔隔热材料等。本节介绍粉煤灰在建筑制品方面的应用情况。

#### 3.2.1.1 粉煤灰在建筑制品中的应用

我国粉煤灰的特点是量大、质差、利用率低，而建筑制品用灰量大，并且对粉煤灰质量要求不是很高，所以当前应首先研究、推广粉煤灰建筑制品技术。近年来，由于技术不断提高，粉煤灰建筑制品工艺也越来越成熟。作为一种新型建筑材料，粉煤灰建筑制品已得到了国内外建筑领域的认可。

1. 粉煤灰生产烧结砖

烧结粉煤灰砖，是以粉煤灰、黏土、普通炉渣、页岩及其他工业废料为原料，经过搅拌、加工、挤压、成型、干燥、焙烧等环节制成的。烧结粉煤灰砖中，粉煤灰的掺量约为30%~70%。其所用原料的配合比例主要视原料的塑性而定，其生产工艺和黏土烧结砖的生产工艺基本相同，只需在生产黏土砖的工艺上增加粉煤灰的贮运、计量、脱水和搅拌设备即可。粉煤灰砖的焙烧用隧道窑或轮窑。采用轮窑时，烧成周期一般为24h左右，砖体最高温度为1150℃，烧结时要求温度幅度为±50℃。烧制粉煤灰烧结砖时，粉煤灰中$SiO_2$的含量不宜高于70%，超过此含量，混合料的塑性将大大降低，制品的抗折和抗压强度较低；$Al_2O_3$的含量以15%~25%为宜，低于10%时，制品强度低，高于25%时，虽制品强度高，但烧成温度提高；$Fe_2O_3$的含量以5%~10%为宜，含量过高，将缩小混合料的烧成温度范围，给焙烧工序的操作造成困难；MgO和硫化物含量越小越好，MgO含量一般不应超过3%，硫化物的含量最好小于1%。

粉煤灰砖的原材料80%以上为工业和民用垃圾，被国家确定为环保、节能产品。使用粉煤灰烧结砖作建筑材料，工程总造价可降低6%~8%，具有显著的社会效益和经济效益。首先，生产实心黏土砖耗能巨大。其次，粉煤灰烧结砖和外形、尺寸相同的黏土砖相比，有5大优点：一是砖体质量好，成品砖破损少，砌筑效率加快；二是单砖重量轻，粉煤灰烧结砖每平方米重量与黏土砖相比，可降低20%以上，减轻了建筑物框架梁、柱、基础的压力，可降低墙体造价3%~5%，节省运输费用8%左右；三是保温性能好，粉煤灰烧结砖墙体热阻是普通黏土砖的2.2倍，导热系数小，且抗压强度及各项物理指标高；四是工艺简单，造价低，并且粉煤灰资源丰富，又属于工业废渣之一，所以相比而言，制砖成本低；五是国家对粉煤灰掺入量超过30%的新型建材企业，给予免税、免墙改节能费等优惠政策。虽然粉煤灰烧结砖有以上诸多优点，但由于目前技术的局限性，粉煤灰烧结砖的掺灰量还比较少，另外其容重比空心砌块大，抗冻能力差，因此，使其应用范围受到限制。

2. 粉煤灰生产蒸汽养护砖（简称蒸养砖）

粉煤灰蒸养砖，是以粉煤灰、石灰、石膏、细集料（煤渣或其他工业废渣等）等原料，加入一定量的煤渣或水淬矿渣等骨料，按一定比例配合，经过加工、搅拌、消化、轮碾、压制成型、常压或高压蒸汽养护后而形成的一种墙体材料，颜色呈黑灰色。砖坯通常采用半干压法成型，常用设备有8孔、16孔转盘式压砖机及杠杆式压砖机等。蒸制粉煤灰砖可采用常压蒸汽养护和高压蒸汽养护两种养护工艺，其中高压蒸汽养护是在高压饱和蒸汽工作压力（表压）为0.8MPa以上、相应蒸汽温度在174.5℃以上的介质中养护，因此两种不同养护工艺制成的砖，在性能上存在一定的差异。

粉煤灰蒸养砖的强度可达MU20以上，抗冻性能好，有较好的力学性能和耐久性。适用于各类民用建筑、公共建筑和工业厂房的内、外墙，以及房屋的基础，是替代实心黏土砖的新型墙体材料。粉煤灰蒸养砖的配料中，粉煤灰可占50%～65%左右，灰的含碳量越低越好，活性越高越好。其他辅料，随着各地原材料化学成分及对产品要求不同而不同。

蒸压粉煤灰砖是大量利用粉煤灰的建材产品之一，并且可以利用湿粉煤灰作为原料，每生产一万块砖，约可利用粉煤灰15t。它的生产工艺比较简单，尺寸规格与普通黏土砖一样，因此在使用时，砌筑施工方法与传统施工做法一样，组织施工方便，便于推广应用。

### 3. 粉煤灰生产免烧免蒸砖

江西贵溪电厂为了使粉煤灰变害为宝，经过研制开发出了免烧免蒸、低温养护的新型粉煤灰砖。其主要配料是：粉煤灰占70%，炉底渣占15%、生石灰占15%（作为激发剂），产品可达到75号粉煤灰砖标号，生产中总掺灰量达85%。以年产1000万块砖计，可用去灰量2万t，年创效益50万元，节省排灰浆费用30万元。节约灰场建设费40～50万元，少占耕地130$m^2$，具有较好的环境效益和经济效益。

### 4. 粉煤灰生产硅酸盐砌块

粉煤灰硅酸盐砌块是以粉煤灰、石灰、石膏和胶结料为胶凝材料，煤渣（或矿渣）作骨料，按一定比例配合，再加入一定量的水，经过搅拌，振动成型，蒸汽加压养护而成的。此工艺要求粉煤灰烧失量不大于15%。

粉煤灰砌块强度形成的原理是：粉煤灰砌块刚成型时，作为胶凝材料的粉煤灰和石灰、石膏之间，基本上还没有进行化学反应。从物理结构上看，它们还处于被水膜隔离的各自分散状态，彼此没有联系，仅仅是几种原材料的混合物，这时砌块还没有产生强度。在静停过程中，石灰大部分消化，变成氢氧化钙，同时，少量石灰、石膏溶解于水，形成石灰—石膏饱和溶液，此时的水膜已经是石灰—石膏饱和溶液膜。由于石灰消化和部分水的蒸发，游离水分减少，水（溶液）膜减薄，使砌块变硬。升温过程中，石灰、石膏与粉煤灰表面水化反应开始，至恒温时，水化反应加剧。石灰—石膏溶液不断与粉煤灰颗粒表面发生水化学反应，形成水化产物。此后，石灰和石膏继续溶解，继续与粉煤灰颗粒反应，最后石灰、石膏逐步减少，直至几乎全部参加反应。粉煤灰颗粒未起反应的内芯不断缩小，而粉煤灰砌块内部结构发生了本质变化，改变了颗粒之间结合的状况，开始形成了依靠水化产物将未反应的粉煤灰、煤渣颗粒搭接起来的多孔、立体网架结构，将粉煤灰砌块组成一个坚硬的整体，使砌块具有一定的强度。

粉煤灰硅酸盐砌块适用于工业及民用建筑，比黏土砖的保温性能好、自重轻、造价低，并且能满足一般建筑物耐火极限要求。其砌块强度可达到100～150号，导热系数比普通混凝土小1倍，且砌筑效率高。

5. 粉煤灰制造加气混凝土

粉煤灰加气混凝土是用粉煤灰、石灰、水泥、石膏为主要原料，配以适量的铝粉等添加剂，经发泡剂发泡或用其他工艺制成的一种多孔轻质新型建材。粉煤灰掺量一般可达70%。这一产品的生产技术成熟，产品质量已过关。其所用各原料及其作用如下：

(1) 粉煤灰：生产粉煤灰加气混凝土砌块所用粉煤灰的质量应符合《硅酸盐建筑制品用粉煤灰》JC 409 的规定，其在制品生产中的作用是与石灰中的有效氧化钙在水热作用下生成更多的水化产物，满足产品的强度和其他性能需要。需要指出的是，生产粉煤灰加气混凝土砌块，在要求具有高的强度的同时，还要求具有低干缩值等其他性能。因此，对粉煤灰的细度要求，并非越细越好。

(2) 石灰：生产粉煤灰加气混凝土砌块应采用有效氧化钙含量大于60%、消化速度为10~30min的钙质生石灰。它在制品生产中的作用主要有两方面：第一，提供钙质成分，生石灰中的有效氧化钙与粉煤灰中的活性$SiO_2$、$Si_2O_3$在水热条件下反应，生成结晶状或胶体状的水化硅酸钙、硅铝酸钙产物，使制品具有一定强度及其他性能；第二，生产过程中对料浆发气、稠化，一方面提高料浆的碱度，使铝粉发气；另一方面消解放出的热量，加速料浆的发气、稠化和硬化。

(3) 水泥：生产粉煤灰加气混凝土砌块以采用硅酸盐水泥和普通硅酸盐水泥为宜。它在制品生产中的作用主要是调节加气混凝土料浆的稠化时间，保证料浆浇注稳定。同时，水泥的水化、凝结、硬化可提高坯体的强度，并可提供$Ca(OH)_2$与粉煤灰中的硅铝成分起反应，使产品具有一定的强度和较好的耐久性。

(4) 石膏：生产粉煤灰加气混凝土砌块时各种石膏均可使用。它在制品生产中的作用为抑制石灰消解，调节石灰消化速度，降低消化温度；增加坯体强度，使坯体在搬运、切割、蒸养过程中可以承受各种作用，减少坯体损伤；促进氧化钙和二氧化硅的水化作用，提高产品强度。

(5) 铝粉：生产粉煤灰加气混凝土砌块采用的铝粉有两种：带脂干铝粉和膏状铝粉，它们分别应符合《发气铝粉》GB 2084—1989 和《加气混凝土用铝粉膏》JC/T 407－2008 的要求。由于铝粉膏使用比较方便，常被优先选用。适量铝粉在制品生产中的作用是：在碱性料浆中反应产生足够多的氢气，并均匀分布在料浆中，从而形成许多微小气孔，且使气孔具有良好的结构。如果铝粉的使用量不当，会引起铝粉的发气速度与料浆的稠化速度不相适应，制品则出现气泡形状不良、裂缝、料浆沉陷、沸腾、塌模等现象，导致产品不能使用。

(6) 干铝粉脱脂剂：生产粉煤灰加气混凝土砌块用的干铝粉，在加工磨细过程中，为了避免着火爆炸，需加入油脂。但当它在使用时，只有脱去这些油脂才利于反应。因此，一般常用平平加（脂肪醇聚氧乙烯醚）、拉开粉（二丁萘磺酸钠）、植物皂素、合成洗涤剂等表面活性剂来脱脂。

(7) 气泡稳定剂：为了确保在生产粉煤灰加气混凝土砌块时，料浆与铝粉反应产生足量的气体在整个体系中保持均匀稳定，避免由于表面张力作用，引发体系不稳定，导致气泡合并和气泡破裂现象的发生，因此需在料浆中加入降低液体表面张力的物质，即气泡稳定剂。常用的气泡稳定剂有：皂粉、可溶油、氧化石蜡皂等。

(8) 其他调节剂：为了改善粉煤灰加气混凝土砌块的生产性能和产品性能，需加入各种外加剂，这些外加剂统称调节剂。例如，为了提高发气速度，可使用烧碱、碳酸氢钠等调节剂；为了延长发气的时间，避免发气过快，可使用水玻璃调节剂等。

粉煤灰加气混凝土生产工艺和设备大体上与其他品种加气混凝土相同，都是将经过加工的、符合要求的原料按一定比例混合，并加入发泡剂等，经搅拌浇注入模、发泡膨胀、静停、切割，进高压釜养护。养护的蒸汽压力一般为 1～1.6MPa。若生产加气混凝土板材，还需配备钢筋网片，浇注前先将加工好的钢筋网片固定在模具中。粉煤灰加气混凝土的性能和其他品种加气混凝土基本相同，使用范围也相同。实践中可以根据需要，制成不同容重、不同强度的砌块、面板、墙板，满足不同用途的需要。加气混凝土对粉煤灰的质量要求比混凝土低，粉煤灰用量可达 70% 左右。粉煤灰加气混凝土，其干容重只有约 $500kg/m^3$，不到黏土砖的 1/3；导热系数为 0.11～0.13W/(m·K)，约为黏土砖的 1/5，具有轻质、绝热、耐火、隔音等优良性能。

### 6. 粉煤灰生产陶粒

陶粒是人造轻集料的俗称。粉煤灰烧结陶粒是以粉煤灰为主要原料，掺加少量粘结剂和固体燃料，经混合成球、高温焙烧而制成的一种人造轻集料。生产工艺一般由原料的磨细处理、混合料加水成球、焙烧等工序组成。烧结通常采用带式烧结机、回转窑或立波尔窑。带式烧结机对原料的适用范围大，生产操作方便，产量高，质量较好，工艺技术成熟。用烧结机生产的粉煤灰陶粒的特点是：密度小，强度大，保温隔热，隔音耐火，易施工，可预制、现浇复杂构件，吸水率小，抗冻性好。可用于生产粉煤灰陶粒砌块、保温轻质混凝土、结构轻质混凝土等。由于其密度小、耐热度高、抗掺性好、耐冲击力强等优点，可替代天然渣石配制 C15～C30 的混凝土，广泛用于工业与民用建筑、制作各种混凝土构件，还可用于桥梁、窑炉和烟囱的砌筑。粉煤灰陶粒性能优于天然轻骨料，用其配制的混凝土不仅容重小，而且具有保温、隔热、抗冲击等优良性能，可在高层建筑、大跨度构件和耐热混凝土中得到应用。如南京长江大桥公路桥道板，使用粉煤灰陶粒配制 C25～C30 的陶粒混凝土就降低了大桥的自重。

传统技术和装备生产的粉煤灰陶粒用灰量可达 80% 左右，现在生产粉煤灰陶粒的最新技术是全灰陶粒，即不用黏土类原料，全部用粉煤灰烧制，如大庆油田从英国莱泰克公司进口的年产 10 万方的全粉煤灰陶粒生产线。

### 7. 粉煤灰轻质耐热保温砖

粉煤灰轻质耐热保温砖，是用粉煤灰、烧石灰、软质土及木屑进行配料而制成的，保温效率高、耐火度高、热导率小、能减轻炉墙厚度、缩短烧成时间、降低燃料消耗、提高热效率、降低成本。

### 8. 泡沫粉煤灰保温砖

蒸压泡沫粉煤灰保温砖是以粉煤灰为主要原料，加入一定量的石灰和泡沫剂，经过配料、搅拌、烧注成型和蒸压而成的一种新型保温砖。

### 9. 粉煤灰作生产水泥原料或混合材生产水泥

由于粉煤灰的化学成分和黏土相似，可代替黏土生产水泥，并且还可利用其残余碳，在煅烧水泥熟料时节约燃料。在磨制水泥时，除可掺加 3%～5% 的石膏外，还允许根据水泥的品种和强度等级添加一定量的材料与熟料共同粉磨，习惯上称这些添加的材料为混合材料。

10. 粉煤灰砂浆、粉煤灰混凝土

粉煤灰、水泥、砂等掺入少量外加剂可以配制砌筑、抹灰、粘面砂浆。用在砂浆中的粉煤灰质量要求不高，Ⅲ级灰即可。由于砂浆在建筑工程中用量很大，所以可以大量利用粉煤灰。

粉煤灰作砂浆或混凝土的掺和料，要求粉煤灰有较高的质量，如细度要大、活性要高、含碳量要低，因此常用磨细粉煤灰。每立方米混凝土可用灰 50～100kg，可节约水泥 50～100kg。在混凝土中掺加粉煤灰代替部分水泥或细骨料，不仅能节省水泥、降低成本，还能改善混凝土的性能，如混凝土的和易性，提高不透水、不透气性，抗硫酸盐性能和耐化学侵蚀性能，降低水化热，增进混凝土的耐高温性能，减轻颗粒分离和析水现象，减少混凝土的收缩和开裂以及抑制杂散电流对混凝土中钢筋的腐蚀等，具有较高的经济效益。

砂浆在建筑工程中的用量很大，且对粉煤灰的质量要求不高。粉煤灰可改善混凝土的特性并节约水泥。根据粉煤灰混凝土的性能特点，煤灰混凝土在以下方面应用可更显示其优越性：(1) 大体积混凝土，如建造水坝、油井平台、大型基础等，三峡工程中大量使用了优质粉煤灰，年用量已近 30 万 t，并创造了世界年浇注量和最大浇注强度的世界纪录；(2) 泵送混凝土；(3) 商品混凝土；(4) 振碾混凝土。

11. 粉煤灰空心砌块

粉煤灰空心砌块是很有发展前途的墙体材料，空心质轻、砌筑方便、生产方法简单、成本低。利用粉煤灰、炉渣、水泥，掺加微量外加剂可以生产性能优良的承重砌块和非承重砌块。粉煤灰渣掺量可达 85～90%，是粉煤灰综合利用的重要途径。

12. 粉煤灰制泡沫玻璃

泡沫玻璃是一种新型建筑材料，它可由粉煤灰（可占 70%）为主要原料烧制而成，其密度在 $0.5～0.8t/m^3$ 之间，仅为普通黏土砖的 5%～10%。具有抗压、隔热、隔音、防水等性能。在建筑上使用时特别突出的性能有两点：其一是具有优异的保温隔热性能，材料导热系数约仅为 $0.04～0.06W/(m·K)$；其二是防火性能，随着我国建筑节能政策实施力度的加大，外墙保温系统的防火成为重大工程质量隐患，如中央电视台新楼火灾、中国科技馆火灾、江苏南通第一高楼火灾等触目惊心，泡沫玻璃为无机材料，属于不燃材料，是现代高层建筑的优质材料，有较高的经济效益和社会效益。

### 3.2.1.2 粉煤灰用于筑路和回填

用粉煤灰、石灰和碎石按一定比例混合搅拌可制作路面基层材料。掺加量最高可达 70%，对粉煤灰质量要求不高，可根据《粉煤灰石灰类道路基层施工暂行技术规定》CJJ 4－1983 进行生产和施工。粉煤灰代替黏土筑路堤有全灰和间隔灰两种，施工设备和步骤与黏土路堤相同，粉煤灰、石灰和碎石建设公路路基，既节约路基用土，又可提高路基的整体性和后期强度。利用粉煤灰回填低洼地、矿井、煤矿塌陷区、砖厂取土坑等，只需一些简单的防二次污染技术，因此其方法简单，利于操作，并且可以满足对回填材料的质量要求，且对水质不会造成污染。从粉煤灰的最初利用开始，就大量用于工程回填、围海造田和矿井回填、筑路等工程，随着技术的不断改进，筑路、回填已经有了一套完善的利用技术，成为粉煤灰综合利用的一种广泛途径。

### 3.2.2 矿渣综合利用

矿渣的种类多,排放量很大且难以统计,在回收利用方面也不平衡,主要集中于钢渣、高炉渣、炉渣、有色金属排放物等,其他矿渣在利用上还亟待开发。

**1. 钢渣的处理工艺**

钢渣作为钢铁生产过程中的副产品,不仅不是废弃物,而且是非常有价值的资源。通过选用合适的处理工艺和采用适当的综合利用技术,可以从钢渣中回收大量金属,其尾渣可用于水泥工业、建材、道路施工、农业生产等各个领域,创造巨大的经济效益和社会效益。钢渣的利用研究始于20世纪初,但由于它的成分波动较大,迟迟未能实际应用。20世纪70年代初,美、德、英、法等国家相继开展了钢渣的综合利用研究。目前在一些发达国家,钢渣的利用已达到完全化。当前我国鼓励发展循环经济,号召节能降耗,钢渣综合利用是最具代表性的节能、环保措施之一,也是钢铁工业实现健康、持续发展的一个重要保障。因此,要大力推广钢渣综合利用技术,以实现钢渣资源的最优化利用。

目前,由于炼钢设备、工艺、造渣制度、钢渣物化性能的多样性及其利用上的多种途径,国内外钢渣资源化处理工艺呈现多样化,如有热闷法、热泼法、盘泼法、水淬法、滚筒法、风淬法、粒化轮法等。这些工艺都有各自的优缺点,具体情况如表3-7所示。

钢铁渣综合利用技术及特点　　　表 3-7

| 处理方式 | 工艺特点及过程 | 优 点 | 缺 点 | 应用厂家 |
|---|---|---|---|---|
| 热闷法 | 利用高温液态渣的显热,洒水产生物理力学作用和游离氧化钙的水解作用使渣碎化 | 工艺简单,适于处理高碱度钢渣、钢渣活性较高、安定性较好,并能处理固态渣 | 粒度不均匀、后续破碎加工量大、处理周期长 | 鞍钢、首钢、涟钢、宝钢 |
| 热泼法 | 在炉渣高于可淬温度时,以有限的水向炉渣喷洒,使渣产生的热应力大于渣本身的极限应力,产生碎裂;游离氧化钙的水化作用使渣进一步裂解 | 排渣速度快,冷却时间短、便于机械化生产,处理能力大;钢渣活性较高、生产率高 | 设备损耗大,占地面积大、破碎加工粉尘大,蒸汽量大;钢渣加工量大。对环境和节能两方面都不利。钢渣安定性差 | 唐钢、武钢二炼钢 |
| 盘泼法 | 将热熔渣倒入渣罐中,运至渣盘边,用吊车将罐中的渣均匀倒在渣盘中,待表面凝固即喷淋大量水急冷,再倾翻到渣车中喷水冷却,最后翻入水池中冷却 | 快速冷却、占地少、处理量大、粉尘少、钢渣活性较高 | 渣盘易变形、工艺复杂、运行和投资费用大。钢渣安定性差 | 新日铁、宝钢 |
| 水淬法 | 高温液态渣在流出、下降过程中被压力水分割、击碎,再加上高温熔渣遇水急冷收缩产生应力集中而破裂,同时进行了热交换,使熔渣在水幕中粒化 | 排渣快、流程简单、占地少、投资少、处理后钢渣粒度小(5mm左右),性能稳定 | 熔渣水淬时操作不当,易发生爆炸、钢渣粒度均匀性差。只能处理液渣 | 济钢、齐齐哈尔车辆厂、美国伯利恒钢铁公司 |

续表

| 处理方式 | 工艺特点及过程 | 优点 | 缺点 | 应用厂家 |
|---|---|---|---|---|
| 滚筒法 | 高温液态钢渣在高速旋转的滚筒内,以水作冷却介质,急冷固化、破碎 | 排渣快、占地面积较小,污染小,渣粒性能稳定 | 钢渣粒度大,不均匀(>9.5mm达18%),活性差,设备较复杂,且故障率高,设备投资大。只能处理液态渣 | 宝钢二炼钢 |
| 风淬法 | 用压缩空气作冷却介质,使液态钢渣急冷、改质、粒化 | 安全高效,排渣快、工艺成熟,占地面积较小。污染小,渣粒性能稳定,粒度均匀且光滑(<5mm),投资少 | 只能处理液态渣 | 日本钢管公司福山厂、台湾中钢集团、重钢 |
| 粒化轮法 | 将液态钢渣落到高速旋转的粒化轮上,使熔渣破碎渣化,喷水冷却 | 排渣快、适宜于流动性好的高炉渣 | 设备磨损大,寿命短,处理量大则水量小时易发生爆炸,处理率低。粒度不均匀(>9.5mm达29%) | 沙钢 |

## 2. 钢渣的综合利用

钢渣的利用途径大致可分为内循环和外循环两种。内循环指钢渣在钢铁企业内部利用,作为烧结矿的原料和炼钢的返回料,钢渣的外循环主要是指用于建筑建材行业。

制约钢渣在建筑建材行业中利用的主要因素是钢渣的体积不稳定性。钢渣不同于高炉渣,钢渣中存在 $f_{CaO}$、$f_{MgO}$,而它们是在高于水泥熟料烧成温度下形成的,结构致密,水化很慢,$f_{CaO}$ 遇水后水化形成 $Ca(OH)_2$,体积膨胀 98%,$f_{MgO}$ 遇水后水化形成 $Mg(OH)_2$,体积膨胀 148%,容易在硬化的水泥浆体中发生膨胀,导致掺有钢渣的混凝土工程、道路、建材制品开裂。因此,钢渣在利用之前必须采取有效的处理,使 $f_{CaO}$、$f_{MgO}$ 充分消解才能使用。钢渣在建筑建材行业有以下几种利用途径。

(1) 作水泥生料或掺合料

钢渣中 $CaO$、$MgO$、$FeO$、$Fe_2O_3$ 的含量之和可达到 70%,这些成分对水泥都是有用的。钢渣在水泥生料中的主要作用是做水泥的铁质校正剂。目前它在生料中配加量为 3%~5%,工艺比较成熟。水泥工艺中煅烧 1t 石灰石产生 440kg $CO_2$,需 500kcal 热量,煅烧 1t 熟料需 230kg 优质煤。水泥生料配放钢渣可以节约石灰石和煤,但其仍需煅烧的特征未从根本上消除对能源环保方面的副作用,而且钢渣的全铁含量在 15%~28% 之间,含铁量偏低,水泥生产企业在计算成本时,比较倾向于选择含铁量达到 40% 以上的废渣。

由于钢渣具有活性,因此也可用作普通硅酸盐水泥的掺合料。掺 10%~15% 钢渣生产的普通硅酸盐水泥,对水泥指标及使用均无不良影响,但原料较难磨。对用作水泥掺和料的钢渣的要求,与生产钢渣矿渣水泥对钢渣的要求相同。

(2) 作钢渣水泥原料和复合硅酸盐水泥的混合材

高碱度钢渣含有大量的 $C_3S$、$C_2S$ 等活性矿物,水硬性好。把经处理的钢渣与一定量的高炉水渣、煅烧石膏、水泥熟料及少量激发剂配合球磨,即可生产出与 425 号普通硅酸盐水泥的指标相同的钢渣矿渣水泥。钢渣水泥具有水化热低、后期强度高、抗腐蚀和耐磨等特点,是理想的道路水泥和大坝水泥。生产钢渣矿渣水泥要求:钢渣碱度不低于1.8,金属铁含量不超过1%,$f_{CaO}$含量不超过5%,并不得混入废耐火材料等杂质;钢渣配入量不得少于34%,水泥熟料配量不得超过20%。

利用钢渣还可生产白水泥,电炉还原渣含大量的$C_3S$、$C_2S$,白度很高,与煅烧石膏和少量外加剂混合、研磨,即可生产出符合325号水泥要求的白水泥。这是钢渣的有效利用途径之一。

根据对钢渣的岩相分析和X射线衍射分析,钢渣之所以具有水硬胶凝性,主要是因为含有水泥熟料中的一些矿物:$C_3S$、$C_2S$和铁铝酸盐,这些矿物都具有胶凝性。但其含量比水泥熟料少,慢冷的钢渣晶体发育较大,比较完整,活性较低,因而水化速度和胶凝能力都比熟料小。

目前的钢渣水泥品种有无熟料钢渣矿渣水泥、少熟料钢渣矿渣水泥、钢渣沸石水泥、钢渣矿渣硅酸盐水泥和钢渣硅酸盐水泥,它们都有相应的国家标准和行业标准,掺量在20%~50%之间。钢渣水泥具有水化热低、耐磨、抗冻、耐腐蚀、后期强度高等优点。但是钢渣水泥的实际应用情况并不是很好,主要原因是钢渣的成分波动大,常随炼钢品种、原料来源和操作管理制度而变化,易引起水泥质量的波动;作水泥混合材时,用不同方法处理的钢渣的易磨性不同,普遍比熟料难磨,使水泥磨制的台时产量降低,增加水泥生产成本;渣铁没有很好地分离,导致渣中金属铁含量高,也影响水泥的磨制;另外,钢渣的活性矿物含量低且以$C_2S$为主,造成钢渣水泥的早期强度低。

(3) 钢渣微粉作混凝土掺合料

钢渣微粉的开发利用是近年来继矿渣微粉大规模应用后而出现的热门话题,钢渣生产微粉或者复合微粉可以消除钢渣水泥生产中易磨性差的问题,钢渣通过磨细到一定细度,当比表面积大于400$m^2$/kg时,可以最大程度地清除金属铁,通过超细粉磨使物料颗粒表面状况发生变化,表面能提高,机械激发钢渣的活性,发挥水硬胶凝材料的特性。

钢渣微粉和矿渣微粉复合时有优势叠加的效果,钢渣中的$C_3S$、$C_2S$水化时形成的氢氧化钙是矿渣的碱性激发剂。最新研究资料表明,矿渣微粉作混凝土掺合料使用,虽然可以提高混凝土强度,改善混凝土拌合物的工作性、耐久性,但由于高炉渣的碱度低(约为0.9~1.2),大掺量时会显著降低混凝土中液相碱度,破坏混凝土中钢筋的钝化膜(pH<12.4易破坏),引起混凝土中的钢筋腐蚀。另外,高炉渣是以$C_3AS$、$C_2MS_2$为主要成分的玻璃体,粒化高炉渣粉的胶凝性来源于矿渣玻璃体结构的解体,只有在$Ca(OH)_2$的作用下才能形成水化产物,钢渣碱度高,(约为1.8~3.0),矿物主要是$C_3S$、$C_2S$、CF、$C_3RS_2$、RO等,钢渣中的$f_{CaO}$和活性矿物遇水后生成$Ca(OH)_2$,提高了混凝土体系的液相碱度,可以充当矿渣微粉的碱性激发剂。掺入钢渣微粉的混凝土具有后期强度高的特性。因此,钢渣和矿渣复合粉可以取长补短,使混凝土的性能更加完善。

中国建筑科学研究院负责起草的国家标准《矿物掺合技术规范》已经完成,钢渣微粉将成为我国钢渣高价值利用的最佳途径,钢渣微粉和矿渣微粉的复合应用将是混凝土掺合料的最佳方案。

(4) 作道路材料

钢渣抗压强度高,经过稳定化处理后性能基本稳定。因此,可用作道路垫层、路基材料和回填工程材料。其强度、抗弯性、抗渗性均优于天然石材,并且钢渣具有活性,能板结成大块，所以在沼泽地筑路，更具有优越性。国内早已有相应的行业标准《工程回填用钢渣》YB/T 801—2008 和《道路用钢渣》YB/T 803—1993，但由于钢渣作回填和道路垫层、基层，其附加值低，钢铁企业和建筑单位对此都不太重视。

用钢渣作工程材料的基本要求是：必须是陈化后的钢渣，粉化率不得高于5；要有合适的级配，最大块的直径不得超过3mm，最好与适量的粉煤灰、炉渣或粘土混合使用。

钢渣经过风淬稳定化处理后可以代替细骨料做沥青混凝土和水泥混凝土路面材料，提高其防滑性、耐磨性、使用寿命，从而使钢渣的附加值也大大提高。

（5）生产建材产品

把具有活性的钢渣与粉煤灰或炉渣按一定比例混合、磨细、成型、蒸养，即可生产出不同规格的砖、瓦、砌块、混凝土预制件等建材制品。其掺量大，能达到60%以上，强度和耐久性高于黏土砖和粉煤灰砖，能节省大量的水泥和黏土，但钢渣比重较大，一定要控制好$f_{CaO}$的含量和碱度。不太适宜做实心的墙体砖。这类实用技术是全国新型墙体材料改革的重点推广技术。

综上所述，钢渣在建筑和建材行业的循环利用，应着重放在水泥、混凝土、路面和建材制品等领域，这是钢渣利用的重要发展方向。因此，钢铁企业内液态钢渣的处理应该围绕这些利用途径，进行钢渣处理工艺的选择。

### 3.2.3 高炉矿渣的综合利用

高炉矿渣的应用最早要追溯到16世纪。到18世纪，研究发现高炉渣具有和水泥相近似的化学成分和天然岩石相仿的强度，这些发现引起了人们的注意，进而陆续研制出热铸矿渣块、矿渣水泥、矿渣棉等。高炉渣的利用发展很快，20世纪中期，如法国、美国、德国等发达国家的高炉渣利用率已达到100%，而我国的高炉渣利用率还相对较低。根据各国的资源情况，高炉渣的利用途径也不相同。从总的状况来看，用于筑路约占50%，用于水泥约占30%，用作混凝土骨料约为10%，还有少量用作其他用途，如用于制造微晶玻璃，制作耐磨耐腐蚀铸石、矿渣棉、过滤用吸附剂等。目前，都是将高炉矿渣加工成水渣、矿渣碎石、膨胀矿渣和膨胀矿渣珠等形式加以利用，其综合利用途径主要集中于以下几方面：

#### 3.2.3.1 高炉矿渣在建材行业的应用

由于高炉矿渣属于硅酸盐质材料，又是在1400～1600℃高温下形成的熔融体，因而便于加工成多品种的建筑材料。水渣（又称粒化高炉矿渣，是把热熔状态的高炉渣置于水中急速冷却后形成的，有渣池水淬和炉前水淬两种方法。经水淬处理后高炉矿渣变成疏松粒状，具有优质潜活性和水硬凝胶性能）是生产水泥、矿渣砖瓦和砌块的好原料。经急冷加工成膨胀矿渣珠或膨胀矿渣，可作轻混凝土的骨料；吹制成矿渣棉可制造各种隔热、保温材料；浇铸成型可作耐磨的热铸矿渣；轧制成型可作微晶玻璃；慢冷成块的重矿渣可以代替普通石材用于建筑工程中。因此，高炉矿渣的综合利用非常重要。

1. 生产矿渣水泥

我国高炉矿渣的利用通常是先加工成水渣、矿渣碎石、膨胀矿渣和矿渣珠，然后再加以利用。由于水渣具有潜在的水硬胶凝性能，在水泥熟料、石灰、石膏等激发剂下，可显示出水硬胶凝性能，是极好的水泥原料，既可以作为水泥混合材使用，也可以制成无熟料水泥。矿渣能吸收水泥熟料水化时所产生的 Ca(OH)$_2$，因此高炉渣已成为水泥生产中用来改进性能、扩大品种、调节水泥强度等级、增加产量、保证水泥安定性合格的主要原料和措施。

(1) 生产普通硅酸盐水泥和硅酸盐矿渣水泥

掺入 15%～85%水淬渣的水泥称为矿渣硅酸盐水泥，掺入 15%以下的水淬渣则称之为普通硅酸盐水泥。矿渣硅酸盐水泥通常是用硅酸盐水泥熟料与一定量的粒化高炉矿渣混合，再加入适量的石膏，经混合、磨细或者分别磨后再混合均匀而制成的。其中的粒化高炉矿渣是由高炉水渣在烘干机内进行烘干制得的，掺入的石膏既可调节熟料的凝结时间，又起硫酸盐激发剂的作用，能有效地激发矿渣的活性。一般将矿渣硅酸盐水泥简称为矿渣水泥。在磨制矿渣水泥时，高炉矿渣的掺入量对水泥的抗压强度影响不大，对抗拉强度的影响更小，所以，其掺入量可以占到水泥重量的 20%～85%。这样对于提高水泥质量，降低水泥生产成本是十分有利的。矿渣水泥与普通水泥相比有如下特点：第一，具有较强的抗溶出性和抗硫酸盐侵蚀性能，故能用于水上工程、海港及地下工程等，但在酸性水及含镁盐的水中，矿渣水泥的抗侵蚀性较普通水泥差；第二，水化热较低，适合于浇筑大体积混凝土；第三，耐热性较强，使用在高温车间及高炉基础等容易受热的地方比普通水泥好；第四，早期强度低，而后期强度增长率高，所以在施工时应注意早期养护。此外，在受干湿或冻融循环作用条件下，其抗冻性不如硅酸盐水泥，所以不适宜用在水位时常变动的水工混凝土建筑中。

(2) 石膏矿渣水泥

石膏矿渣水泥是将干燥的水渣和石膏、硅酸盐水泥熟料或石灰按照一定的比例混合、磨细，或者分别磨细后再混合均匀所得到的一种水硬性胶凝材料，一般称作矿渣硫酸盐水泥。在配制石膏矿渣水泥时，高炉水渣是主要的原料，一般配入量可高达 80%左右。石膏在石膏矿渣水泥中属于硫酸盐激发剂。它的作用在于提供水化时所需要的硫酸钙成分，激发矿渣的活性。一般石膏的加入量以 15%为宜。少量硅酸盐水泥熟料或石灰，属于碱性激发剂，对矿渣起碱性活化作用，能促进铝酸钙和硅酸钙的水化。在一般情况下，如果用石灰作碱性激发剂，其掺入量宜在 3%以下，最高不得超过 5%。如用普通水泥熟料代替石灰，掺入量在 5%以下，最大不超过 8%。这种石膏矿渣水泥的优点是成本较低，具有较好的抗硫酸盐侵蚀和抗渗透性，适用于混凝土的水工建筑物和各种预制砌块。其缺点是早期强度低，易风化起沙。

(3) 石灰矿渣水泥

石灰矿渣水泥是将干燥的粒化高炉矿渣、生石灰以及 5%以下的天然石膏，按适当的比例配合、磨细而成的一种水硬性胶凝材料。石灰的掺加量一般为 10%～30%。它的作用是激发矿渣中的活性成分，生成水化铝酸钙和水化硅酸钙。石灰掺量太少，矿渣中的活性成分难以充分激发；掺入量太多，则会使水泥凝结不正常、强度下降和安定性不良。石灰的掺入量往往随原料中氧化铝含量的高低而增减，氧化铝含量高或氧化钙含量低时应多掺石灰，通常先在 12%～20%的范围内配制。石灰矿渣水泥可用于蒸汽养护的各种混凝土的预制品，水中、地下、路面等的无筋混凝土和工业与民用建筑砂浆。

2. 利用高炉水渣制作空心砌块或加气混凝土砌块

高炉水渣的化学成分类似于硅酸盐水泥，在配料时加入水泥熟料、石灰、石膏等激发剂，放入轮碾机中碾磨，高炉水渣与水泥熟料以一定的质量比和适量的石灰和石膏一道放入破碎机、碾磨机（球磨机）中粉磨，将所得混合料再与粗骨料、细骨料和水搅拌获得浆料，泵入成型模中成型并振动，冷压后脱模，送入烘房（或隧道窑）加热养护即可制得高炉水渣空心砌块。该制品的制作需要经过二次搅拌过程，第一次搅拌所得混合浆料在加入粉料后再经第二次搅拌，否则混合浆料易产生硬块，不易混合均匀。

加气混凝土砌块是将高炉水渣和水泥熟料以一定的比例混合后，送入球磨机球磨，在达到规定细度后加入到沙子中搅拌。再在加水搅拌时加入水玻璃、铝粉、脱脂剂和稳定剂，待浆料达到一定温度时入模、坯体静置，然后脱模，切割成所需的尺寸，放入蒸压釜中蒸养，蒸压釜内真空度一般为 $0.6×10^5\text{Pa}$，经升温、恒温（恒温压力 $14×10^5\text{Pa}$）、降温后出釜而成。制作加气混凝土时要特别注意加入发泡剂后的搅拌时间。时间过长，部分气泡将会散失，达不到加气目的，所以在加入发泡剂之前，浆料要搅拌到合适的稠度。加气混凝土砌块可作屋面板、保温砌块、填充墙、围护结构、高层建筑的上层外墙等。

**3. 配制矿渣碎石混凝土**

用矿渣碎石配制的混凝土具有与普通混凝土相近的物理力学性能，还有良好的保温、隔热、耐热、抗渗和耐久性能。矿渣碎石混凝土的应用范围较为广泛，可以作预制、现浇和泵送混凝土。配制矿渣混凝土的方法与普通混凝土相似，但用水量稍高，其增加的用水量，一般按矿渣重量的 1%～2% 计算。一般用矿渣碎石配制的混凝土与天然骨料配制的混凝土强度相同时，其混凝土容量减轻 20%。矿渣碎石混凝土的抗压强度随矿渣容量的增加而增高，配制不同强度等级混凝土所需矿渣碎石的松散容重如表 3-8 所示。

不同强度等级的混凝土所用矿渣碎石松散容量　　　　　表 3-8

| 混凝土强度等级 | C40 | C30～C20 | C15 |
|---|---|---|---|
| 矿渣碎石松散容量（kg/m³） | 1300 | 1200 | 1100 |

矿渣混凝土的使用在我国已有 50 多年历史，新中国成立后在许多重大建筑工程中都采用了矿渣混凝土，实际效果良好。

**4. 生产矿渣砖和湿碾矿渣混凝土制品**

矿渣砖是用水渣加入一定量的水泥等胶凝材料，经过搅拌、成型和蒸汽养护而成的砖，其生产工艺流程如图 3-1 所示。

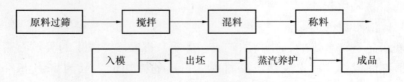

图 3-1　矿渣砖生产工艺流程

所用水渣粒度一般不超过 8mm，入窑蒸汽温度约为 80～100℃，养护时间为 12h。出窑后即可使用。用 87%～92% 的粒化高炉矿渣，5%～8% 的水泥，加入 3%～5% 的水混合，所生产的砖的强度可达到 10MPa 左右，能用于普通房屋建筑和地下建筑。此外，将高炉矿渣磨成矿渣粉，按重量比加入 40% 的矿渣粉和 60% 的粒化高炉矿渣，再加水混合成型，再在 1.0～1.1MPa 的蒸汽压力下蒸压 6h，也可得到抗压强度较高的砖。

湿碾矿渣混凝土是以水渣为主要原料制成的一种混凝土。它的制造方法是将水渣和激发剂（水泥、石灰和石膏）放在轮碾机上加水碾磨制成砂浆后，与粗骨料拌和而成。湿碾矿渣混凝土配合比如表3-9所示。

湿碾矿渣混凝土配合比　　　　　表3-9

| 项　目 | 不同强度等级混凝土的配合比 | | | |
|---|---|---|---|---|
|  | C15 | C20 | C30 | C40 |
| 水泥（以425号硅酸盐水泥为准） | — | — | 不大于15 | 不大于20 |
| 石灰 | 5～10 | 5～10 | 不大于15 | 不大于5 |
| 石膏 | 1～3 | 1～3 | 1～3 | 0.3 |
| 水 | 17～20 | 16～18 | 15～17 | 15～17 |
| 水灰比 | 0.5～0.6 | 0.45～0.55 | 0.35～0.45 | 0.35～0.4 |
| 浆：矿渣（重量比） | 1:1～1:1.2 | 1:0.75～1:1 | 1:0.75～1:1 | 1:0.5～1:1 |

湿碾矿渣混凝土的各种物理力学性能，如抗拉强度、弹性模量、耐疲劳性能和钢筋的粘结力均与普通混凝土相似。而其主要优点在于具有良好的抗水渗透性能，可以制成抗渗性能很好的防水混凝土；具有很好的耐热性能，可以用于工作温度在600℃以下的热工工程中，制成强度达50MPa的混凝土。此种混凝土适宜在小型混凝土预制厂生产混凝土构件，但不适宜在施工现场浇筑使用。

5. 用膨胀矿渣、膨珠制造混凝土制品

膨珠又叫膨胀矿渣珠，是用适量冷却水急冷高炉熔渣而形成的一种多孔轻质矿渣。当高炉熔渣进入流槽后，喷出压力为0.6MPa的冷却剂（水）使其急冷，再经高速旋转滚筒击碎、抛甩并继续冷却，在此过程中，熔渣自行膨胀并冷却成珠，大都成表面光滑、有釉及玻璃质光泽的球形。其多孔，互不相通，隔热保温，吸水率低，质轻，其珠内的微孔孔径大小约为80～400$\mu m$。膨胀矿渣主要用作混凝土轻骨料，用膨胀矿渣制成的轻质混凝土，不仅可以用于建筑物的围护结构，还可以用于承重结构。膨珠的松散密度大于陶粒，和浮石等轻骨料相当，粒径大小不一，强度随密度的增加而增大，具有和水淬渣相同的化学活性。因此可以用于轻质混凝土制品及结构，如用于制作砌块、楼板、预制墙板及其他轻质混凝土制品。膨珠内孔隙封闭，吸水少，混凝土干燥时产生的收缩小，这是膨胀页岩或天然浮石等轻骨料所不及的。直径小于3mm的膨珠与水渣的用途相同，可供水泥厂作矿渣水泥的掺合料用，也可用作公路路基材料和混凝土细骨料使用。生产膨胀矿渣和膨珠与生产黏土陶粒、粉煤灰陶粒等相比，具有工艺简单，不用燃料，成本低廉，可以作防火隔热材料等优点。

6. 用高炉渣生产矿渣棉及制品

矿渣棉是以高炉渣为主要原料，在熔化炉中熔化后获得熔融物、再加以精制而得到一种白色棉絮状无机矿物纤维。生产矿渣棉的方法有喷吹法和离心法两种。原料在熔炉中熔化后流入回转圆盘上，用蒸汽或压缩空气喷吹成矿渣棉的方法叫喷吹法，用离心力甩出制成矿渣棉的方法叫离心法。矿渣棉的主要原料是高炉矿渣，高炉矿渣约占80%～90%，还有9%～18%的白云石、萤石或其他原料，如红砖头、卵石等。生产矿渣棉的燃料是焦炭。喷吹法生产矿渣棉的工艺流程可分配料、熔化喷吹、包装3个工序，如图3-2所示。

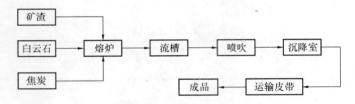

图 3-2 喷吹法生产矿渣棉的工艺流程

矿渣棉制品的种类有粒状棉、矿棉毡、矿棉板、矿棉保温带、矿棉管壳和矿棉吸声板等，可用作保温材料、吸声材料和防火材料等。根据使用要求还可在其表面粘贴或缝上玻璃纤维网格布、玻璃布、牛皮纸、铝箔和铁丝网等，由它加工的成品主要有保温板、保温毡、保温筒、保温带、吸声板、窄毡条、吸声带、耐火板及耐热纤维等。矿渣棉广泛用于冶金、机械、建筑、化工和交通等部门。

#### 3.2.3.2 高炉矿渣的其他应用

1. 生产微晶玻璃

微晶玻璃又称玻璃陶瓷。在工艺过程中要加入一道晶化热处理工序，晶化后余下的玻璃相只占很少一部分，不存在气孔，归入玻璃范畴，是近几十年来发展起来的一种用途很广的新型无机材料。微晶玻璃是玻璃基复合材料，也是饰面装饰材料，集中了玻璃、陶瓷及天然石材的三重优点，优于天然石材和陶瓷。可用于建筑幕墙及室内高档装饰，还可作机械上的结构材料，电子、电工上的绝缘材料，大规模集成电路的底板材料、微波炉耐热器皿、化工与防腐材料和矿山耐磨材料等，是具有发展前途的新型材料。

生产微晶玻璃的原料极为丰富。除采用岩石外，还可采用高炉矿渣。因酸性高炉渣在冷却时，全部凝结成玻璃体而备受重视。矿渣微晶玻璃的主要原料是高炉矿渣，通常为62%～74%；硅石或其他非铁冶金渣33%～16%；结晶促进剂为5%～10%。一般矿渣微晶玻璃需要配成如下化学组成：$SiO_2$（40%～70%）、$Al_2O_3$（5%～15%）、CaO（15%～35%）、MgO（2%～12%）、$Na_2O$（2%～12%）、晶核剂（5%～10%）。

生产矿渣微晶玻璃的一般工艺为：将高炉矿渣与硅石一道粉磨后，与结晶促进剂一起装入固定式或回转式炉中熔化成液体，然后采用制造玻璃的方法，由压缩空气将入模的熔融体吹或压后、使其成型，然后在730～830℃下保温3h，最后升温至1000～1100℃保温3h使其结晶，冷却即为成品。加热和冷却速度宜低于5℃/min。结晶催化剂为氟化物、磷酸盐和铬、锰、钛、锌等多种金属氧化物，其用量视高炉矿渣的化学成分和微晶玻璃的用途而定，一般为5%～10%。

矿渣微晶玻璃产品，比高碳钢硬，比铝轻，其机械性能比普通玻璃好，耐磨性不亚于铸石，热稳定性好，电绝缘性能与高频瓷接近。

2. 在地基、道路工程上的应用

重矿渣用于处理软弱地基在我国已有几十年的历史。由于矿渣的块体强度一般都超过50MPa，相当或超过一般质量的天然岩石，因此组成矿渣垫层的颗粒强度完全能够满足地基的要求。一些大型设备基础的混凝土，如高炉基础、轧钢机基础、桩基础等，都可用矿渣碎石作骨料。

矿渣碎石的作用很广，用量也很大，主要用于公路、机场、地基工程、铁路道碴、混凝土骨料和沥青路面等。矿渣碎石具有缓慢的水硬性，这个特点在修筑公路时可以利用。矿渣碎石含有许多小孔，对光线的漫反射性能好，摩擦系数大，用它作集料铺成的沥青路面既明亮，制动距离又短。矿渣碎石还比普通碎石具有更高的耐热性能，更适用于喷气式飞机的跑道。

另外，矿渣碎石可以用作铁路道碴（又称为矿渣道碴）。我国铁道线上采用矿渣道碴的历史较久，但大量利用是新中国成立后才开始的。目前矿渣道碴在我国钢铁企业专用铁路线上已广泛得到应用，鞍山钢铁公司从1953年开始就在专用铁路线上大量使用矿渣道碴，现已广泛用于木轨枕、预应力钢筋混凝土轨枕和钢轨枕等各种线路，使用过程中没有发现任何弊病。在国家一级铁路干线上的试用也已初见成效。

高炉矿渣还可以用来生产一些用量不大而产品价值高，又有特殊性能的高炉渣产品，如热铸矿渣、矿渣铸石等。

### 3.2.4 铬渣的综合利用

#### 3.2.4.1 铬渣的来源、化学组成及无害化处理

铬渣是将铬铁矿与纯碱及其他辅料经过煅烧，用水浸取其中的铬酸钠或生产金属铬时排出的废渣，大多数呈粉末状，并且残留有水溶性六价铬，其含量为0.28%～0.5%（见表3-10）。铬渣产量大，每生产1t的铬酸钠，将有3～3.5t的铬渣产生，而生产1t金属铬，约有15t铬渣产生。

铬渣的化学组成　　　　　表3-10

| 成　分 | $SiO_2$ | $Al_2O_3$ | $Fe_2O_3$ | $CaO$ | $MgO$ | $Cr_2O_3$ | 水溶性Cr（Ⅵ） | 酸溶性Cr（Ⅵ） |
|---|---|---|---|---|---|---|---|---|
| 质量百分比（%） | 6～6.5 | 9.5～10 | 12～13 | 29～30 | 29～30 | 5～5.5 | 0.3～1 | 0.85～2 |

铬渣的有害成分主要是可溶性铬酸钠和酸溶性铬酸钙等六价的铬离子，这些六价铬离子的存在、风化和扩散构成了对生态环境的污染和危害。如果铬渣长期堆放不加处理，则铬渣中的六价铬离子会随雨水淋溶渗透到地下，不仅污染江河湖海的地表水，也污染了地下水和土壤，使农产品和水产品受到污染。对人体来说，摄入过量的六价铬能夺取血液中的部分氧，使血红蛋白变成高铁血红蛋白，致使红细胞失去携氧机能，造成内窒息，严重影响了人们的健康。另外，还会对人体的消化道、呼吸道、皮肤、黏膜及脏器造成伤害，引发致癌（肺癌）病变。所以，对于铬渣首先要进行无害化处理。铬渣的无害化处理，就是将有毒的六价铬离子，通过在铬渣中加入适量的还原剂，在一定的条件下，使铬酸钠和铬酸钙中的六价铬还原为三价铬，因而消除或降低六价铬的危害，控制污染。具体的办法有酸还原法、碱还原法、磷还原法和烧结还原法等等。

#### 3.2.4.2 铬渣的综合利用

铬渣具有硬度高、熔点高的特点。在建筑领域，常用作生产砌块、砖的原料，在其他领域常被用作制造铸石的原料，以及作某些产品的替代原料。在利用的过程中，要将$Cr^{6+}$转化为$Cr^{3+}$，这样既能消除污染又充分利用铬渣。

在建筑领域，铬渣可用于制作以下产品：

1. 制砖

将铬渣同黏土、煤混合,可烧制红砖或青砖。其技术简单、投资及生产费用低、用渣量大。研究表明,由于原料中的大量黏土在高温下呈酸性,以及砖坯中的煤及其气化后产生的CO的作用,这样有利于$Cr^{6+}$转变为$Cr^{3+}$,从而使成品砖中$Cr^{6+}$的含量明显下降,特别是制青砖的烧窑工序中形成的CO,不仅可将红褐色的FeO还原为青灰色的$Fe_3O_4$,而且还可进一步将残余$Cr^{6+}$解毒,效果更好。铬渣掺量较少时,对成品砖的抗压、抗折强度无明显影响。如广州铬盐厂以铬渣40%(粉碎至100目)、黏土60%制成的青砖,经化验分析,砖中含$Cr^{3+}$约0.5%~3%,砖的抗压强度在140kg/cm²以上,抗折强度在60kg/cm²以上。若将铬渣与陶瓷原料制的基料按比例充分混合,喷入雾化水,混匀、造粒,用压机成型,干燥后素烧,然后上釉、干燥,最后入窑烧制得到彩釉玻化砖。此种砖外形美观,装饰效果丰富,市场销路好;而且由于采用干料混磨法,使得粒径均匀,反应完全,玻化量大,解毒效果好,无二次污染。

2. 生产铬渣棉

矿渣棉是优良的保温、轻体建筑材料。用铬渣制成的渣棉的质量和性能与矿渣基本相同。由于是在1400℃的高温下还原解毒,因此解毒彻底。浸液毒性试验结果表明,铬渣棉水溶性$Cr^{6+}$含量为0.15mg/kg,大大低于有关固体废物污染控制标准。生产铬渣棉的工艺流程与矿渣棉基本相似,仅在配比上有区别,生产铬渣棉的配比是:铬渣∶铜冶炼渣∶硅砂∶黄土=8∶1∶1∶适量。

3. 制水泥

铬渣的主要矿物组成为硅酸二钙、铁铝酸钙和方镁石(三者含量达70%),与水泥熟料矿物组成相似。铬渣用于生产水泥有3种方式:铬渣干法解毒后作为混合材料,同水泥熟料、石膏磨制的水泥,铬渣用量约为成品水泥的10%;铬渣作为水泥原料之一烧制水泥熟料,铬渣用量约占水泥熟料的5%~10%;铬渣代替氟化钙作为矿化剂烧制水泥熟料,铬渣用量占水泥熟料的2%。三种方式中的铬渣用量主要取决于原料石灰石的含镁量。方荣利等以粉煤灰(或煤矸石)、石灰石、铬渣、矿渣等为原料,在950~1100℃下煅烧,可生产一种化学组成、矿物组成区别于普通硅酸盐水泥,但水泥28d强度可超过325号水泥强度等级的新型低温水泥。

粗炼的铬渣碱度很高,在冷却时由$\beta$-$C_2S$转变为$\gamma$-$C_2S$,体积膨胀约10%,自行完全粉化成细微的粉状铬渣。该粉渣具有水硬性,可以代替低强度等级水泥,用以生产低强度等级的混凝土及其制品。另外,还可利用铬渣配制无熟料或少熟料水泥,国内精铬渣的水淬早已投入正常运行,该渣含有较高的CaO(含钙约有50%),是一种优良的水泥添加剂,用以生产少熟料硅酸盐水泥,强度等级可达400号以上。

4. 作水泥的矿化剂或水泥熟料

铬渣所含化学成分及物相与水泥类似,将铬渣作矿化剂,会给生料中带入硅酸二钙和铁铝酸四钙,起到晶种的作用,并且其含有少量的无定性物(玻璃相)和其他低熔点化合物,如铬酸钠、铬酸钙两者的低共熔点化合物(熔点约为740℃),含量约为25%的铁铝酸钙的熔点为1380℃。在水泥生料煅烧过程中,铬渣中的低熔点物质首先熔融形成液相,使得液相出现温度比正常配料煅烧温度下降150℃左右。液相量增多,黏度下降,能明显促进氧化钙同硅、铝、铁生成硅酸钙、铝酸钙、铁铝酸钙的反应,铬渣中的$Cr_2O_3$对硅酸二钙吸收游离 CaO 起到催化作用，使得硅酸三钙生成量提高，熟料中游离的 CaO 含量大大减少，机械强度提高 6～10MPa，同时，铬渣可使水泥熟料的凝结时间缩短 30～50min，并且改善熟料的易磨性，降低烧成温度约 50℃，使烧成时间缩短，窑产量增加，单位熟料煤耗和水泥粉磨电耗下降。同时，铬离子在高温煅烧过程中，固溶进入水泥熟料矿物晶格，从而有利于水泥熟料活性和质量的提高。

另外，将石灰石、煤、黏土矿物等原料经破碎后，按照一定配比制成黑生料，加入适量的铬渣作矿化剂，通过均化、加水成球后置于窑内。依次经过干燥、预热和分解后进入高温烧成带和冷却带，直至从窑内卸出并冷却到室温，成为最终的水泥熟料。在预热、分解阶段，与物料均匀、紧密接触的高温煤灰及其不完全氧化产生的更高浓度的 CO 均对物料中的 $Cr^{6+}$ 起到还原作用，从而进一步实现了铬渣无害化处理。

### 3.2.5 电石渣及其他矿渣的综合利用

#### 3.2.5.1 电石渣的来源、化学组成及综合利用

电石渣是电石水解获取乙炔气后以氢氧化钙为主要成分的废渣，是高碱性物质，pH 可高达 14 以上。电石渣的成分和性质与消石灰相似，$Ca(OH)_2$ 含量通常可达 60%～80%（干基），如表 3-11 所示。我国多采用湿法工艺制取乙炔，电石渣的含水率很高，需经沉淀浓缩才能利用。电石渣颜色发青，略有气味但无害。因电石渣中 $Ca(OH)_2$ 含量高，可取代石灰用作粉煤灰及炉渣的活性剂，有利于降低制品成本。

电石渣的化学组成　　　　表 3-11

| 成　分 | $SiO_2$ | $Al_2O_3$ | $Fe_2O_3$ | CaO | MgO | 其他 | 烧失量 |
|---|---|---|---|---|---|---|---|
| 含量（%） | 5.56 | 3.03 | 0.64 | 65.57 | 0.89 | 4.89 | 19.33 |

电石渣可用来生产普通硅酸盐水泥。电石渣的原始水分含量很高，在进行配料前要进行两次脱水。湿电石渣浆排出后，先汇集于储池，除去块状杂质，用泥浆泵送到沉淀池沉淀，排去上面的清水，使含水率降到 60% 左右再进行二次脱水。二次脱水一般采用机械脱水，可使电石渣含水率降到 30%～40%。电石渣中的 $SiO_2$ 含量低，生产中采用河沙进行校正。利用电石渣生产硅酸盐水泥的工艺有干法和湿法两种。干法的缺点是物料需干燥，所用物料需有较大场地堆放，湿法的缺点是生产路线较长。

可用电石渣代替石灰作建筑材料，如粉刷外墙等。另外，加入一定量的石灰能生产硅酸盐砖瓦和其他新型建筑制品。

#### 3.2.5.2 其他矿渣的综合利用

化铁炉渣的综合利用是对化铁炉熔化炼钢生铁和铸造生铁时排出的废渣经过加工、以消除或减少其对环境的污染并得到利用的过程。炼钢生铁化铁炉渣多数呈碱性，每吨生铁产渣约 100kg，铸造生铁化铁炉渣多数呈酸性，每吨生铁产渣约 80kg。熔融的化铁炉渣可以在炉前直接进行水淬急冷处理，制成化铁炉水渣；也可以流入渣罐再输送到处理场进行自然冷却处理，形成块状化铁炉渣。硅酸二钙矿物含量高的化铁炉渣，在自然冷却过程中易于形成粉状化铁炉渣。碱性化铁炉水渣具有较高的潜在活性，可以作为水硬性材料，用于制成水泥、砂浆、混凝土及其制品。酸性化铁炉渣可以加入其他矿物调整成分后，经熔化、浇铸成型、结晶、退火制成具有耐磨和抗冲击性能的化铁炉铸石。此外，各种化铁

炉渣都可以作为砂、石材料等，用于道路的垫层和基层、工程回填、地基加固等。

铁合金渣的综合利用首先要考虑回收有用元素，如回收铬、锰、钼、镍、钛等价值较高的金属。对于目前暂时不能利用的，可采用一些无害化堆放处理工艺。另外，对于一些有毒的铁合金渣，在利用之前首先要进行无害化处理，以防造成二次污染。

有色冶金渣的综合利用，依其对象的不同，可分别采用水淬法、熔炼法、烟化法、自然冷却法等。有色冶金渣中的赤泥、铜镍渣、铅锌渣等均可作为水泥、墙体材料、铸石材料及筑路等工程建设材料用。在经济上合理、工艺切实可行的情况下，可从中回收稀有金属。

### 3.2.6 煤矸石综合利用技术

煤矸石是多种矿物组成的混合物，属沉积岩。煤矸石的活性大小与其物相组成和煅烧温度有关。黏土类煤矸石加热到一定温度时（一般为700～900℃），结晶相分解破坏，变成无定型的非晶体，使煤矸石具有活性，在建材制品中有助于材料性能的提高。煤矸石的用途非常广泛，可以用于建筑制品、发热发电、回填、农牧业等，目前技术较为成熟、煤矸石利用量较大的是生产建筑材料。

**3.2.6.1 煤矸石在建筑材料领域的应用**

1. 用煤矸石生产烧结砖或做烧砖内燃料

煤矸石砖以煤矸石为主要原料，其用量一般砖占坯料质量的80%以上，有的全部以煤矸石为原料，有的外掺少量黏土。生产煤矸石和生产黏土砖一样都需要原材料处理（破碎、粉磨、搅拌）、压制成型、干燥、焙烧等过程。生产煤矸石砖时，原材料的处理是一个特别重要的环节，因为煤矸石的塑性远低于黏土，它又含有10%～20%的纯二氧化硅，因而破碎很困难。焙烧时基本上无需再外加燃料，一般常用煤矸石生产烧结砖和作烧砖内燃料。泥质和碳质煤矸石质软、易粉碎，是生产煤矸石砖的理想原料。煤矸石的发热量要求在2100～4200kJ/kg，过低时需加煤，过高时易使成砖过火。煤矸石需粉碎，使小于1mm的颗粒占75%以上。用煤矸石粉料压制成的坯料的塑性指数应在7～17之间，成型水分一般为15%～20%。许多砖厂生产的煤矸石砖抗压强度一般为4.80～14.71MPa，抗折强度为2.94～4.90MPa，高于普通黏土砖。以煤矸石作烧砖内燃料制砖，其生产工艺与用煤作内燃料的基本相同，仅需增加煤矸石粉碎工序。

我国从20世纪50、60年代就开始鼓励用煤矸石生产煤矸石砖，以取代普通黏土砖，节约土地资源。目前已相继出台了一系列限制黏土砖，发展新型墙体材料，特别是推行废物综合利用的政策。现今，用煤矸石生产新型墙体材料将进入一个高速发展阶段，以配合城市限制使用黏土砖和煤矿产业结构的调整。已有一些城市和矿区将用煤矸石生产承重和非承重空心砖等新型墙体材料作为其发展的重点。

2. 用煤矸石生产轻骨料

煤矸石可用来生产轻骨料。目前主要有：利用自燃煤矸石制取轻骨料、利用煤矸石烧制轻骨料和用煤矸石混合其他料烧制高强陶粒等方法。自燃煤矸石的容重一般为1000～1200kg/m³，接近混凝土所用的轻骨料容重，并且其他各项基本性能也满足国家标准中天然轻骨料的有关技术要求。利用自燃煤矸石制取轻骨料时，需要经过选料、破碎、筛选等工序。选料工序要剔除含碳量较高的黑色颗粒和较软的白色颗粒。烧制煤矸石轻骨料的生产工艺大致分为两类：一类是用烧结机生产，烧结机一般有带式烧结机和炉箅式烧结机；

另一类则是用回转窑生产。使用烧结机生产时，对煤矸石的含碳量要求不很严格；而用回转窑生产时，对煤矸石的含碳量有着严格的要求。无论采用哪一种生产工艺，一般都包括3个生产阶段：生料制备、烧结、筛分。烧制煤矸石轻骨料的粒度一般为5～20mm，成品一般筛分为0～5mm、0～10mm、10～20mm三级，其松散容重一般为80～1000kg/m$^3$、500～600kg/m$^3$、350～500kg/m$^3$。适于烧制轻骨料的煤矸石主要是碳质页岩和选矿厂排出的洗矸，矸石的含碳量不要过大，以低于13%为宜。有两种烧制方法：成球法与非成球法。成球法是将煤矸石破碎、粉磨后制成球状颗粒，然后焙烧。将球状颗粒送入回转窑，预热后进入脱碳阶段，料球内的碳开始燃烧，继之进入膨胀阶段，此后经冷却、筛分出厂。其松散容重一般在1000kg/m$^3$左右。非成球法是把煤矸石破碎到一定粒度直接焙烧。将煤矸石破碎到5～10mm，铺在烧结机炉排上，当煤矸石点燃后，料层中部温度可达1200℃，底层温度小于350℃。未燃的煤矸石经筛分分离再返回重新烧结，烧结好的轻骨料经冷却、破碎、筛分出厂，其容重一般在800kg/m$^3$左右。另外，还可利用煤矸石和粉煤灰、煤渣、磨细石灰石等原料生产高强陶粒，用于生产结构用轻混凝土和建筑砌块。煤矸石作主要原料制造轻骨料，用于建造高层建筑，可减轻建筑物自重。

3. 用煤矸石生产空心砌块

煤矸石空心砌块是将自燃或人工煅烧的煤矸石再加入少量的生石灰、石膏混合磨细为胶结料，或以少量水泥、煤矸石水泥为胶结料，以经过破碎分级的自燃煤矸石为粗细骨料，将胶结料和粗骨料按照一定比例混合，加水搅拌，振动成型，养护硬化而制成的墙体材料。采用无水泥胶结料时，生石灰和石膏都是重要的原材料。胶结料中掺入适量的生石灰，不仅可以使煤矸石砌块有较好的强度，同时也能使之具有良好的耐久性能。为了生产出质量较好的砌块，应尽量采用具有较高氧化钙含量、高消化温度和较低氯化镁含量的中速消化石灰。一般要求生石灰的有效氧化钙含量不低于60%，消化温度不低于60℃，消化时间控制在30min内，氧化镁的含量不大于5%。石膏对砌块也有明显的增强效果，一般采用自然界中分布较广的二水石膏。为了充分利用工业废料和降低成本，也可使用陶瓷厂的废模型石膏。利用煤矸石制作空心砌块可充分利用工业废渣，并能节省大量水泥、提高施工速度、降低工程造价、改善房屋墙体的热工性能，具有显著的社会和经济效益。

4. 煤矸石作原料或混合料生产水泥

煤矸石可以部分或全部替代黏土生产普通水泥。自燃或人工燃烧过的煤矸石，具有一定的活性，可作为水泥的活性混合材料、生产普通硅酸盐水泥（掺量小于20%）、火山灰质水泥（掺量为20～50%）和少熟料水泥（掺量大于50%）。还可直接与石灰、石膏以适当的配比，磨成无熟料水泥，可作为胶结料，以沸腾炉渣作骨料或以石子、沸腾炉渣作粗细骨料制成混凝土砌块或混凝土空心砌块等建筑材料。煤矸石和黏土的化学成分相近，并能释放一定的热量，用其代替黏土和部分燃料生产普通水泥，能提高熟料质量。因为煤矸石配料比黏土配料配入的生料活化能降低了许多，用少量煤就可提高生料的预烧温度，且煤矸石中的可燃物也有利于硅酸盐等矿物的熔解和形成。此外，煤矸石配的生料表面能高、硅、铝等酸性氧化物易于吸收氧化钙，可加速硅酸钙等矿物的形成。用煤矸石生产水泥的生产工艺过程与生产普通水泥基本相同。将原燃料按一定比例配合，磨细成生料，烧至部分熔融，得到以硅酸钙为主要成分的熟料，再加入适量石膏和混合材料，磨成细粉而制成水泥。以自燃煤矸石为主要原料生产少熟料砌筑水泥，强度可达175～225号，可用于配制 20 号、50 号、75 号和 100 号砌筑砂浆。另外以自燃煤矸石为主要原料，掺加石膏、石灰经混合磨细可制成无熟料水泥，三种材料的配合比为煤矸石：石灰：石膏＝70：25：5，细度控制在 4900 孔筛的筛余量不大于 10％，水泥强度可达 40MPa 以上。煤矸石经自燃或人工煅烧后具有一定的活性，可掺到水泥中作活性混合材，与熟料和石膏按比例配合后，入水泥磨磨细。煤矸石的掺入量取决于水泥的品种和标号，在水泥熟料中掺入 15％的煤矸石，可制得 325～425 号普通硅酸盐水泥；掺量超过 20％时，按国家规定为火山灰硅酸盐水泥。用煤矸石作混合材时，应控制烧失量≤5％，$SO_3$≤3％，火山灰性试验必须合格，水泥胶砂 28d 抗压强度比≥62％。用煤矸石作原料或混合料生产水泥主要有以下优点：(1) 代土节煤。煤矸石易烧性好、实际热耗可降低，若生产特种水泥，由于煤矸石耗量大，节煤效果更显著。(2) 无废渣。用作生产水泥的煤矸石中的全部灰分均转变成水泥的有效组分。(3) 提高水泥产量。由于煤矸石带入的部分热量，加强了生料预热，减轻了烧成带的热负荷，加上配煤矸石后物料易烧性好，烧成温度亦有所降低。因此可达到增产之效。

#### 3.2.6.2 煤矸石在其他领域的应用

煤矸石可以筑路、充填和复垦等。只要存在煤矿资源，就会有不同程度的塌陷区、报废矿井。从节约资源、减少成本的思路出发，完全可以采用煤矸石充填。一般的充填方法为：先利用煤矸石填充塌陷区、废井，然后在其上面覆一定厚度的表土，这样就可以在表土上面植树、种庄稼，不仅解决了当前处理煤矸石的难题，而且还能覆土造地。同时，利用煤矸石充填还能改良土壤的性能。煤矸石是很好的筑路材料，有很好的抗风雨侵蚀性能，并可降低筑路成本。

煤矸石除了上述用途外，还可生产陶瓷、耐火材料等。随着科技的不断进步，煤矸石的利用也将会更加广泛。

### 3.2.7 淤泥综合利用

淤泥是沉淀在流水环境中的软弱细粒或极细土粒，一般为未完全凝固的沉淀物。我国幅员辽阔、河流众多，仅流域面积在 $1000km^2$ 以上的河流就有 1500 条，年平均输沙量在 1000 万 t 以上的河流有 42 条，直接入海泥沙年总量为 20 亿 t，黄河、长江的总输沙量占世界 13 条大河总输沙量的 1/3。淤泥处理的好坏，已成为水利、电力、交通和航运工程以及江河防洪成败的关键之一。

污泥是给排水和污水处理过程所产生的固体沉淀物质。由于各类污泥的性质变化较大，来源不同，其处理和处置的方法也不相同，因此必须将其进行分类。按水的性质和处理方法分有生活污水污泥、工业废水污泥和给水污泥；按污泥来源分为初次沉淀污泥、剩余污泥、熟污泥和化学污泥。初次沉淀污泥指污水一级处理过程中产生的污泥；剩余污泥指污水二级处理过程中产生的污泥；熟污泥是指初次沉淀池污泥、腐殖污泥与剩余活性污泥经消化处理后的污泥；化学污泥指深度处理或三级处理产生的污泥。按污泥成分和某些性质又可分为有机污泥和无机污泥，亲水性污泥和疏水性污泥。若按污泥处理的不同阶段，可分为生污泥、浓缩污泥、消化污泥、脱水污泥、干化污泥和干燥污泥等。污泥含有大量有机物和丰富的氮、磷等营养物质，任意排入水体将会大量消耗水体中的氧，导致水体水质恶化，严重影响水生物的生存；污泥中的营养物质又会使水体富营养化，藻类大量繁殖，从而使水质恶化渔业产量下降。另外，污泥中还有多种有毒物质、重金属和致病菌、寄生虫卵及其他有害物质，处理不当会传播疾病、污染土壤和作物，并通过生物链转嫁人类。所以必须将其进行处理，使其无害化地综合利用，既清除垃圾又替代资源。

淤泥和污泥的处理与应用，主要有以下几种途径：一是直接倾倒入海里，这样做会污染海洋资源，已被国际社会明令禁止；二是采取焚烧的燃料化处理方法，用此方法耗能大，成本高，但处理设施占地面积小，目前我国澳门地区处理污泥淤泥均采用此方法；三是填埋，这会造成对地下水源的污染，法国等国家已明令禁止使用这种方法；四是堆肥处理；五是建材化处理。另外还有很多新型的高科技处理技术，如微波技术、超声波技术、微生物处理技术等，但由于其他技术应用成本高、所需技术较为复杂，因此应用范围较窄。传统的处理方法由于污染环境、浪费资源已经逐步退出历史舞台，因此各国相继开展了淤泥、污泥开发利用的新项目研究，其中包括日本用污泥铺路，英、法等国以淤泥为原料，制成高效净化燃料等。我国现今涉足的主要技术领域是将污泥、淤泥制作建筑制品、进行堆肥处理的研究等。淤泥、污泥在回收利用之前，必须进行淤泥、污泥卫生化和稳定化处理工序，去除所含的病菌和有害微生物，以防止其造成二次污染。相对而言，污泥用于建筑制品与农业利用的技术较为成熟，值得推广。

#### 3.2.7.1 用污泥、淤泥制作建筑材料制品

淤泥可以用来生产建筑材料，日本在这方面的工作卓有成效。日本以淤泥为主要原料制成的砖块透气性好、重量轻，容易制出不同的色彩，很适宜用于建筑物的装饰。如将其制成人行道铺块，雨水可直接渗入地下，可防止下水道排水不畅而造成积水。从1998年起，日本开始生产淤泥生态水泥，其成本仅为普通水泥的3/4，而且凝固速度更快。1999年6月，日本研制成功淤泥结晶玻璃，是建筑物优良的装饰材料。从1994年起，日本开始出口各种规格的淤泥建筑材料，其产品很快成为国际市场的畅销货。

淤泥可制作环保淤泥多孔砖。莆田鑫晶山淤泥开发有限公司生产的新型墙体材料——环保淤泥多孔砖，具有保温节能、尺寸均匀、寿命长久等特点。传统建筑的外墙，是靠外表的保护层来保温隔热的，而他们的环保轻质型保温砖自身就具有保温隔热的效果，其保温性能比传统的砖高3%以上。冬天可以保温，夏天开空调时可以节约用电量。而且外表平整，装修粉刷时，每1万块砖可以节省10包水泥，经济效益十分可观。另据李建光等人的研究，利用黄河淤泥生产的多孔砖可比传统KPI多孔砖和混凝土多孔砖降低围护结构传热耗热量10%～20%。

可用淤泥制作一般建筑骨材或轻质骨材。淤泥再生利用不但产生可回收利用的热能，其残渣（包括各种建材厂和其他工厂所产生的污泥渣）亦可回收为建筑结构上的填充物和建筑材料，替代一般的建筑骨材。经过处理、烧制，破坏了污泥中的有害有机物和稳定的重金属，因此降低了对人和环境的危害程度。采用回转窑技术，可将淤泥再生利用制成高附加价值的轻质骨材，消除了淤泥处理过程中可能发生的环境污染问题，也让过去被视为废土的淤泥变成价值高、环保的新型绿色建材。高性能轻质骨材具有质轻、耐久性好、隔热性优、抗震、隔音且强度高等多项优点，适合使用于各种土木建筑的构筑材料。淤泥的再利用，是近年来备受全球重视的一种新节能抗暖化材料产业，我国近年来由于工业的发展与进步以及为确保地球环境生态的可持续发展，对轻质骨材的需求日益提高，在河川砂石资源日益枯竭的情况下，轻质骨材的发展前景将越来越好。

用污泥制造砖瓦，这是最常见的污泥处理方法。其工艺流程为：分拣杂物—物料揉捏—成型—干燥—焙烧。利用泥中的黏土质成分在高温熔融状态下与重金属反应形成硅酸盐，使其无害化。常见的方法为：选用50%左右的疏浚污泥、40%的黏土，以及为了防止污染环境而回收的砖瓦碎屑粉尘（砖瓦碎屑粉尘的添加量不可大于10%、且碎屑粒径不得大于3mm，以防引起砖瓦在焙烧时产生裂缝而影响强度），干燥后在1000～1350℃温度下焙烧。另一种制陶瓷状建筑砖的方法与前一种的主要区别在于：要添加少量疏浚污泥熔融灰（其中含有5%～20%的花岗岩微晶体），另外在焙烧前要先在低温下预热。此种方法生产的建筑砖表面光滑且耐磨，但成本较高。其他的污泥制砖方法有干化污泥直接制砖和污泥灰渣制砖。干化污泥直接制砖时，当污泥与黏土按质量比1:10时，污泥砖可达普通红砖的强度。利用污泥灰渣制砖时，灰渣的化学成分与制砖黏土的化学成分是比较接近的，制砖时只需添加黏土与硅砂。比较适宜的配量质量比为灰渣：黏土：硅砂＝100：50：(15～20)。这两种方法制砖成本较低，但制造出的砖的质量也较为一般。需要注意的是，不管是采用干化污泥直接制砖还是利用污泥灰渣制砖，必须要进行污泥无害化处理的前置程序。

用污泥制纤维板材。污泥制纤维板，主要利用的是活性污泥中所含粗蛋白（有机物）与球蛋白（酶）能溶解于水及稀酸、稀碱、中性盐的水溶液这一性质。在碱性条件下加热、干燥、加压后，发生蛋白质的变形作用，从而制成活性污泥树脂，使之与漂白、脱脂处理的废纤维压制成板材，其质量优于国家三级硬质纤维板。

造纸污泥可制成免烧砖。造纸污泥是造纸厂排污沟里沉淀的污泥和杂质，其中含有大量碱分和纤维、木质素等成分。其碱分是制砖的活性激发剂，纤维和木质素可以对免烧砖起到增强作用。为此，造纸污泥可以作为有效的免烧砖原料与其他废渣配合使用。造纸污泥含有的碱分可以与石膏、粉煤灰、炉渣并用，利用CaO和碱性来激发粉煤灰及炉渣的活性。另外加入一定的胶凝剂，增强免烧砖的前期强度。淤泥还可以用来生产陶粒。

#### 3.2.7.2 利用污泥制造水泥

将污泥熔融后添加到水泥中，可以制造火山灰质水泥，还可直接代替黏土制造普通水泥。

污泥熔融后添加到水泥中制火山灰质水泥的工艺是：将风干后的污泥放到水泥窑中（1650℃）熔融，然后快速冷却并添加少量的微米级纤维研磨成粉末，按20%～50%的重量比添加到波特兰水泥中形成火山灰质水泥。此法生产出的水泥具有抗渗、抗硫酸盐侵蚀等特点，且其抗淡水侵蚀能力优于普通水泥。

直接代替黏土制普通水泥。疏浚污泥的主要化学成分波动范围较大，与黏土相比，因其有机质含量较高因而烧失量偏大，$SiO_2$ 与 $Al_2O_3$ 含量较低，但其主要成分可作黏土质原料。直接全部替代黏土进行的工业化生产，其产品的各项指标均达到525号水泥的标准，试用后浸出液中的几种有害元素含量（如砷、铅、镉、铬）远小于国家标准。

### 3.2.8 工业石膏综合利用技术

#### 3.2.8.1 脱硫石膏的综合利用

1. 利用脱硫石膏生产水泥缓凝剂

脱硫石膏是由石灰石粉末与二氧化硫反应生成的工业副产品石膏，一般为灰白色粉末状，主要杂质为未反应完全的$CaCO_3$和部分可溶盐，不含对水化性能有负影响的杂质。脱硫石膏的化学成分和性能与天然石膏非常相似，因此，适宜于生产水泥缓凝剂，调节水泥的凝结时间。掺入3%～5%的脱硫石膏，可将各品种的水泥的凝结时间调至满足国家标准的要求。脱硫石膏中所含的$CaCO_3$和少量可溶性盐，对激发混合材的活性和促进水泥强度的发展是有利的。用脱硫石膏作缓凝剂的水泥的强度与用天然石膏的水泥相当，部分品种水泥的强度有一定幅度的提高。国内和国外成功的案例表明，脱硫石膏用作水泥缓凝剂对水泥的性能，如细度、凝结时间、放射性、抗折强度、抗压强度、安定性没有任何负作用，各项技术指标完全符合国家相关标准，脱硫石膏制成的水泥缓凝剂完全可以替代天然石膏制成的水泥缓凝剂。

燃煤电厂脱硫石膏用作水泥缓凝剂是工业废渣资源化的最佳途径，具有加工成本低、综合利用量大的特点，是燃煤电厂在没有更高升值项目开发前的首选。虽然利用脱硫石膏生产水泥缓凝剂简单易行，但要求脱硫石膏的附着水含量必须控制在7%以内，以满足水泥生产工艺的需要。由于大部分电厂脱硫石膏的附着水含量设计为10%左右，而实际产出的脱硫石膏附着水含量均在12%以上。所以，需要对脱硫石膏进行脱水处理，或购进熟石膏粉与脱硫石膏混合搅拌，制成附着水含量在7%以内的散状或粒状水泥缓凝剂，还可以将一部分脱硫石膏煅烧成建筑石膏，作为粘接剂与大部分脱硫石膏搅拌成直径为20～40mm的球，经陈化后做水泥缓凝剂。

2. 生产建筑石膏粉或建筑石膏（β型石膏）

脱硫石膏干燥后，经煅烧后形成半水石膏，从而可生产石膏粉。目前国内利用脱硫石膏生产的建筑石膏粉性能明显高于天然石膏粉，完全可以替代天然石膏粉用于石膏板、石膏砌块的生产。

建筑石膏是由二水脱硫石膏、在不饱和水蒸气的气氛中，经回转窑脱水（130℃）、干燥、粉磨制成的。脱硫建筑石膏的结晶体为短柱状，其紧密的结晶结构使水化、硬化体有较大的表观密度（比天然石膏硬化体高10%～20%），而天然石膏水化产物多为针状、片状晶体，晶体结构疏松，所以脱硫建筑石膏的强度要高于天然石膏。建筑石膏粉煅烧工艺的选择非常关键，对于电厂而言，从环保的角度出发，应首选用电、汽作为煅烧热源，并且应选择适合当地市场的后续产品，不可盲目开发，否则会造成极大的损失。我国脱硫石膏经权威部门多次化验后认为：品位高、杂质少，尤其是可溶性杂质少，可以代替天然石膏作建筑材料。试验表明，用脱硫石膏生产的建筑石膏性能优异，其强度比国家标准规定的优等品的强度值高40%～45%，是目前国内建筑石膏强度最高的品种。生产电耗比天然石膏低40%～60%，生产成本为天然石膏成本的70%～80%，为脱硫石膏的大量应用奠定了坚实的基础。

3. 水溶液法生产α半水高强石膏粉或高强石膏（α型石膏）

水溶液法生产α半水高强石膏粉是直接将蒸汽通入石膏浆内，将料浆温度控制在150～170℃之间，反应时间仅为2～3min，热耗较小，其生产成本与生产β石膏粉相同，但α石膏粉的用途远多于β石膏粉。在市场售价上也成倍于β石膏粉。由水溶液法生产α半水高强石膏粉或高强石膏的最大特点是高效、低耗、无污染、增值明显。由常规工艺生产的脱硫石膏粉一般可用于石膏板、石膏砌块等对强度要求不高的建材生产，但对于强度要求高的建材则不能使用，如砌筑石膏砂浆、粉刷石膏砂浆、石膏腻子、模具石膏、陶瓷石膏、自流平石等。在国外虽然有了较为成熟、先进的工艺，但投资大、工艺复杂、成本较高，不能适应国内现状。采用水溶液法生产α石膏粉对于脱硫石膏等湿粉状化学石膏是最适宜的，因为脱硫石膏在转化前不需要经过任何处理，较天然石膏有较强的优势。

高强石膏是由二水脱硫石膏在饱和水蒸气的气氛中经密闭蒸压锅蒸炼脱水（150℃）、干燥、粉磨形成的半水石膏。它具有晶型完整、晶粒大、强度高等特点。欧洲的实践表明，由二水脱硫石膏生产的α型石膏可用于加工自流平石膏地面、生产特种石膏以用在石膏板隔墙的嵌缝工程中；它还可在建筑工程中作天花板，以改善隔热保温、隔声性能，增进居住的舒适性。此外，α型石膏还能应用在机房或人流量大的公共建筑场所作双层地板，这种地板的强度较高。

4. 粉刷石膏

粉刷石膏以建筑石膏粉为胶凝材料，辅以少量优质外加剂混合成的干混料。以脱硫石膏为原料的粉刷石膏和天然石膏为原料的粉刷石膏的材性特点和配制要求基本相同。脱硫粉刷石膏具有以下特点：(1) 质轻，粉刷石膏堆积密度为 $900\sim1000kg/m^3$，而水泥的为 $1600kg/m^3$；(2) 可实现机械化施工，工作效率较水泥砂浆抹面大大提高；(3) 硬化体防火性能好；(4) 硬化体表面光洁、细腻，装饰效果好；(5) 具有呼吸功能，即在一定湿度范围内，能吸收或放出湿气，提高居住的舒适度。

5. 石膏砌块

经煅烧后的建筑石膏，加入适量的外加剂和掺入一定量的水，高速搅拌，入模成型，并经14h的干燥生成空心砌块。其抗压最大荷载为3000N，导热系数为 $0.2W/(m\cdot K)$。这种砌块加工性好、轻质高强、成本低，是一种使用于大开间并灵活隔段的良好的墙体砌块。国华北京热电厂从德国引进的脱硫石膏砌块生产线已投运数年，效果良好。

6. 纸面石膏板

脱硫石膏和天然石膏相比，两者的主要成分与物理性能是相同的。但煅烧后的天然石膏的颗粒分布从很小到较粗，分布范围较宽，而煅烧后的脱硫石膏的颗粒，大部分尺寸在 $30\sim60\mu m$ 之间，若加以磨细可以扬长避短，这对提高石膏制品的质量有很重要的意义。目前，全国年产纸面石膏板 5 亿 $m^2$，约需石膏 5Mt，若今后发展到年产 10 亿 $m^2$，则需石膏 10Mt。

7. 利用脱硫石膏生产充填尾砂的胶结剂

胶结充填采矿法是一种经营费用较高的采矿工艺，其充填成本占采矿成本的 1/3 左右，充填成本中充填胶凝材料水泥占 80% 以上，昂贵的胶结充填成本，严重地制约了胶结充填采矿法的应用和发展。研制新的胶凝材料，在不降低充填体强度的情况下，替代部分或全部水泥，是充填技术的主攻方向。由于尾砂和棒磨砂中含有大量的潜在胶凝成分（$Al_2O_3+Fe_2O_3+CaO$），将脱硫石膏、火电厂废弃物、尾砂、棒磨砂按一定比例混合后，可得到与普通硅酸盐水泥矿物组成相似的胶结材料。脱硫石膏水化过程中会生成大量溶解度低、并以胶体微粒析出的硅酸钙凝胶（CSH）水化产物。水化硅酸盐凝胶（CSH）主要是由钙矾石、水化硅酸钙和水化铁酸钙凝胶、未水化的二水石膏组成，结构较致密、均匀，并以此为结构骨架；相互交叉连接，从而具有巨大的比表面积和刚性凝胶的特性。凝胶粒子间存在范德华力和化学结合键，因此具有较高的强度。水化产物所包裹的未水化物质及二水石膏颗粒作为微集料填充于粗颗粒骨料——尾砂及棒磨砂的孔隙中，使其结构更为致密、均匀。而且用含有大量氧化钙（或碳酸钙）、且发热量低的脱硫石膏代替发热量高的水泥，不仅可以降低水泥的水化热，降低充填体的绝热温升，还可以推迟水化热峰值出现的时间，从而防止温度裂缝的产生，提高胶结料的后期强度。

#### 3.2.8.2 氟石膏的综合利用

在发达国家，氟石膏的综合利用开展得比较早，我国的氟石膏综合利用大约始于20世纪50年代。经过多年努力，目前氟石膏的利用基本上已达到完全化，其利用途径也越来越多样。本书仅介绍一些较为成熟的利用方法。

氟石膏的处理工艺分为干法和湿法两类，干法是采用 $CaCO_3$ 粉或石灰粉中和，工艺简单；湿法一般采用石灰乳中和，其工艺过程复杂，设备易腐蚀，且可能导致二次污染。

1. 作水泥缓凝剂或水泥熟料煅烧过程中的矿化剂

氟石膏是无水硫酸钙，是在较低温度下形成的，其溶解速度和溶解度与二水石膏相当，因此可以将其用作水泥缓凝剂。试验表明，掺氟石膏作水泥缓凝剂的水泥，其凝结时间、安定性和 $SO_3$ 均符合国家标准。与掺天然硬石膏的相比，二者的3d、7d、28d的水泥抗压、抗折强度值基本相当。对于掺有锰渣混合材料的水泥，用氟石膏作水泥缓凝剂，其强度增长更为明显。氟石膏中含有少量 $CaF_2$，在常温条件下为惰性物质。作为水泥缓凝剂的石膏掺量仅为4%～6%，一般情况下，水泥中 $CaF_2$ 含量甚微，对水泥性能不会产生影响。

在水泥熟料生产中，通常都加入矿化剂以改善生料易烧性，以促进熟料煅烧，并降低熟料中游离氧化钙、提高熟料质量。目前，矿化剂应用最广泛、使用效果最好的是萤石、石膏或它们的复合物。氟石膏中一般残留有3%～8%未反应的萤石，可提供一定量的 $F^-$ 和 $SO_4^{2-}$，因而可以用作水泥熟料煅烧过程中的矿化剂。

2. 制备QH—Ⅱ型复合水泥

氟石膏还可用于制备QH—Ⅱ型复合水泥。由于其形成条件的影响，氟石膏多为无水石膏（$CaSO_4$），属于硬石膏范畴，存放一段时间之后，它将逐渐转变为二水石膏（$CaSO_4 \cdot 2H_2O$），所以一般堆场上的氟石膏多为 $CaSO_4$、$CaSO_4 \cdot 1/2H_2O$ 和 $CaSO_4 \cdot 2H_2O$ 几种物相的混合体。此外，还可能含有 $CaF_2$、$H_2SO_4$ 和其他种类的矿物质。氟石膏是原料在反应器内于400℃左右的温度条件下形成的，含杂质较多，其综合物化性能较差。将其预处理后，再经不同温度的煅烧，氟石膏的力学性能有了明显的改变。这在QH—Ⅱ型复合水泥的抗压强度方面体现得尤为突出。在不同的温度区间煅烧的氟石膏，可使其所配QH—Ⅱ型复合水泥显示不同的强度值。试验表明，氟石膏的成分不同，其对应的煅烧温度 $T_w$ 的区间也有所不同。所以，对各种不同成分的氟石膏，要确定其最佳的煅烧温度 $T_w$。在理想的 $T_w$ 下保温一定时间的氟石膏，其物相基本为不溶性硬石膏。同时，在 $T_w$ 下，$CaF_2$ 与 $H_2SO_4$ 的反应已经完成，部分黏土矿物将产生分解，这些都使得氟石膏的稳定性更好，化学活性更高。相应的，所配水泥的强度也就更高。氟石膏经煅烧后，易磨性大为改善，给配料和生产都将带来相当大的便利。

3. 氟石膏作砖的添加剂

氟石膏可以作为生产煤灰砖和灰渣砖的添加剂，其添加量为2%～3%。虽然其用量不大，却对其他原料的活性激发有很大影响。氟石膏可以作为促进剂、加速石灰与 $SiO_2$、$Al_2O_3$ 之间的化学作用，促进水化硅酸钙、铝酸钙的形成，并可加速胶凝物质的结晶过程。另外，加入一定的氟石膏，可以控制石灰浆体的膨胀值，有利于体系安定性的提高。同时，氟石膏对石灰有缓凝作用，可影响其消化速度，发挥对凝固的调节效应，从而提高砖的早期强度与抗折强度。但氟石膏在使用前要作预处理，应与碎石灰中和、使其呈微碱性。如株洲某厂以电厂粉煤灰为主要原料（其成分为：C20%左右；$SiO_2 + Al_2O_3 \geqslant 60\%$），按以下配比生产砖时，粉煤灰：65%；生石灰：15%左右；锅炉渣：17%左右；氟石膏：2%～3%，砖的强度等级可达100～150号。当砖的主要原料为煤灰和电石渣，砖的配比为：煤灰75%～80%，电石渣18%～22%，氟石膏2%～3%时，石渣砖的物理性能如下：抗压强度为11.67MPa；抗折强度3.01MPa；抗冻：－15℃冻融15次外观良好；容重为1450～1500kg/cm³；吸水率为20%～21%；软化系数：0.89。

4. 干法石膏作粉刷石膏

干法石膏为干燥粒状固体，其中0.147mm以下的细粉占30%～40%。由于便于粉磨、运输，且残酸量少，便于中和处理，因此宜开发以粉刷石膏、石膏墙体胶结腻子为主的建材产品。干法石膏经粉磨、添加激发剂、增塑剂、保水剂等外加剂进行强制混合，即可制得粉刷石膏。这种粉刷石膏外加剂掺量少，成本低，粘接性好，适用于各种基底的墙体。另外，它具有微膨胀性，甚至在未加任何处理的陶粒混凝土砌块墙面上也不出现微裂纹；凝结时间可以根据施工要求进行调整，既可以机械施工，也可以手工施工，与传统粉刷材料施工工艺无差别。该粉刷石膏是一种高档的内墙抹面材料，抹面细腻光滑，手感好，可调节室内空气湿度，其抹面造价与水泥砂浆造价相当。

5. 湿法石膏生产石膏空心砌块、条板

湿法石膏呈泥浆状，便于直接添加外加剂成型生产石膏空心砌块和石膏条板等新型墙材。一般生产工艺是直接在湿法石膏中加入石灰乳、促凝剂等，经过搅拌、过滤、成型后养护即可制得产品。

6. 制作陶瓷石膏模具

陶瓷石膏模具要求机械强度高、表面光滑、经久耐用。它要求使用的石膏纯度高，即二水石膏的有效成分含量高。而氟石膏经露天堆放、自然水化，能完全转化为二水石膏，可以满足陶瓷石膏模具的制作要求。

7. 作为地基材料

地基材料一般是石灰、粉煤灰、黏土等组成的体系，但掺入一定量的氟石膏，可以促进体系的凝结硬化，增加系统的硬度。其原理可能包括以下方面：

（1）$3CaSO_4 + 活性 Al_2O_3（粉煤灰或黏土中）+ 3CaO + 32H_2O \rightarrow 3CaO \cdot Al_2O_3 \cdot 32H_2O$；

（2）$CaSO_4 + 2H_2O \rightarrow CaSO_4 \cdot 2H_2O$；

（3）$CaSO_4$促进了粉煤灰中玻璃体的解体，使粉煤灰中$SiO_2$活性增加，促进$SiO_2$与$CaO$的反应；

（4）$CaSO_4$中溶解出的$SO_4^{2-}$压缩了黏土吸水肿胀的扩散层厚度，增强了黏土颗粒的粘结力。另外，在粉体喷搅法加固软土技术中，将适量氟石膏加入到水泥—土系统中，可以发挥良好的作用。

#### 3.2.8.3 磷石膏的综合利用

近年来，经过不断的探索与研究，磷石膏的利用已不局限于生产硫酸、水泥和半水石膏，还用于一些新型建材产品的研制和其他的化工工业中。

1. 磷石膏以在建筑方面的应用

(1) 用磷石膏生产熟石膏

熟石膏又称建筑石膏，经陈化3～5d后的熟石膏会向半水石膏转变。熟石膏陈化后，半水石膏的成分将占70%以上。熟石膏生产工艺共有3道工序：净化、脱水干燥和煅烧。首先在制造磷酸时产生的副产品磷石膏中加入净化剂，除去其中的大部分有害杂质。然后脱水干燥，通常采用的干燥方法是用压缩空气、蒸汽喷洗后使磷石膏脱水，再使气体和液体分离（用真空吸废水办法）。由于废水和废气中含有有害物质，必须将其控制在允许排放的标准范围内才能排放。最后的一道工序是煅烧，采用蒸炼锅煅烧时，会逸出极微量的有害气体。为避免其对空气的污染，必须对废气进行净化，将其有害成分减少到低于工业三废排放标准。

(2) 将磷石膏改性生产二级建筑石膏

磷石膏内含有大量的二水硫酸钙，将二水硫酸钙变成半水硫酸钙，同时除去杂质，就可实现对磷石膏的改性，生产出优良的二级建筑石膏。主要的改性方法是利用高压釜将二水石膏转换成半水石膏（α型半水石膏）。具体的生产工艺有英国流程和德国流程两种。英国流程是将磷石膏调成浆料、真空过滤、除去杂质。洗净后的磷石膏再放入水中，并投入半水石膏的晶种，从而控制半水物晶体类型。在两个连续的高压反应釜中，加温、加压使二水石膏转变成α型半水石膏。该石膏的晶体较粗，约有80%的磷石膏可以转变为α型半水石膏，其成品含水率仅为15%～20%，经干燥后即可应用。德国流程是将磷石膏在浮选装置中增稠，利用低压蒸汽和洗涤水除去杂质，然后将足够纯净的磷石膏进行过滤。二水石膏在120℃、pH=1～3的条件下，在高压釜中脱水，再滤去母液磷酸（回收）即可获得产品。通常制得的α型半水石膏产品，可达到或超过二级建筑石膏的标准。

(3) 用磷石膏生产高强石膏

高强石膏是由二水硫酸钙通过饱和蒸汽介质或在某些盐类及其他物质的溶液中进行热处理所获得的一种α型半水石膏，一般认为α型半水石膏即为高强石膏，但α型半水石膏并不都是高强石膏，要视最终形成的半水石膏的结晶形态而定。在利用磷石膏生产高强石膏时，法国采用浮选两步脱水法和水力旋分器一步脱水法生产高强石膏。其流程是将磷石膏悬浮于水中，用石灰调成中性，经过过滤，约有80%～90%的杂质被除去。在两步脱水法中用浮选装置进一步净化，经净化的湿磷石膏送入风力干燥器中并与热的气体对流接触，部分干燥的磷石膏再送到流化床炉内焙烧可获得。在进一步脱水法中，利用水力旋分器使磷石膏原料进一步净化后，不经干燥直接进入回转炉内干燥可得产品。

(4) 生产石膏建材制品

磷石膏作为胶凝建材原料，将其中的二水硫酸钙经适当净化处理、脱水成半水合硫酸钙后可用于生产各种石膏墙体材料，如粉刷石膏、抹灰石膏、石膏砂浆、熟石膏粉、纸面石膏板、石膏隔墙板、纤维石膏板、石膏砌块、石膏灰泥、建筑标准砖、烧结节能砖、免烧砖和装饰吸声板等。这些产品普遍具有质轻、隔热、隔音、防火、加工性能好、生产能耗低、利于环保等优点。

磷石膏经处理后，代替天然石膏生产石膏板，国内外已有成功经验。日本用于生产石膏粉与石膏板的磷石膏约占总量的75%。我国铜陵化工集团已建有国内首套400kt/a精制磷石膏装置，净化后的磷石膏供给上海纸面石膏板厂生产粉刷石膏和纸面石膏板。山东也已有厂家生产石膏条板和纤维石膏板。前者采用煅烧后的磷石膏在模型中固化而成；后者采用煅烧石膏，加入纤维等物料后在流水线上成型，特别适合于大规模生产。

（5）利用磷石膏生产低碱度水泥和联产水泥及硫酸

低碱度水泥是以磷石膏、石灰石和矾土为原料，在立窑中烧制的硫铝酸盐水泥熟料，其主要矿物为无水硫铝酸钙（约65%）和硅酸三钙（约25%），外掺磷石膏和石灰石磨制而成。工厂实践表明，该水泥具有早期强度高、硬化快、碱度低、微膨胀等特性，成本低于硅酸盐水泥，用该水泥制造的玻璃纤维增强水泥制品具有重量轻、强度高、韧性好、耐火、耐水、可锯、可钉、不翘曲、不变形等优点，现已经广泛用于制造"GRC"轻质多孔板。

磷石膏可以用来生产水泥和硫酸，其工艺是：将磷石膏调成浆料后经洗涤、过滤、干燥、脱水成无水石膏或半水石膏，再和焦炭、黏土和硫铁矿渣等配料后混合、磨细，送入高温窑内煅烧，即生产出熟料，同时产生 $SO_2$ 窑气。然后熟料经冷却，掺入高炉炉渣（水淬渣）、石膏共同磨细成水泥。$SO_2$ 的窑气（约为7%～9%）在制硫系统先经净化，再补充适量空气以调整窑气中 $SO_2$ 和 $O_2$ 的比例，然后入干燥塔，将净化干燥的窑气送入转化系统即可制成硫酸。

（6）作水泥缓凝剂

水泥生产中需要大量的石膏作为延长凝固时间的缓凝剂。目前我国水泥行业中所用的缓凝剂大部分为天然石膏，年耗量约为20Mt/a。磷石膏一般呈酸性，还含有水溶性五氧化二磷和氟，不能直接作水泥缓凝剂使用，需要经过预处理，去除杂质或改性。磷石膏制水泥缓凝剂的工艺主要是洗涤去除杂质或经过改性处理。预处理可采用水洗法，先将磷石膏加水调成含5%的固体浆料，再经真空过滤即可除去可溶性磷酸盐；也可采用中和法，用窑灰、石灰（或消石灰）将可溶性磷酸盐转变为不溶性的磷酸钙，再进行干燥，焙烧碾磨后加水造粒，使之成为10～30mm粒度的产品。还可以采用柠檬酸处理磷石膏，把磷、氟杂质转化为可水洗的柠檬酸盐、铝酸盐以及铁酸盐。试验表明，用经过预处理的磷石膏代替天然石膏作水泥缓凝剂，不但不会降低水泥强度，还使水泥的后期强度比用天然石膏的还高，且能降低生产水泥的成本。

2. 用作路基或工业填料

利用工业废渣磷石膏与水泥配合可加固软土地基或改善半刚性路基材料，其加固土强度比单纯用水泥加固的要高，且可节省水泥用量、降低固化成本。特别是对单纯用水泥加固效果不好的泥炭质土，磷石膏的增强效果更加突出，从而拓宽了水泥加固技术适用的土质条件范围。而直接用磷石膏、石灰、粉煤灰生产的固结材料，凝结硬化能获得较高的早期强度，具有较好的抗裂性能，可以解决传统二灰材料和二灰—碎石（土）材料的早期强度低，易产生收缩性裂纹等问题，并能节省一定数量的石灰，节约工程造价。

## 参考文献

[1] 邹惟前，邹菁. 利用固体废物生产新型建筑材料——配方、生产技术、应用 [M]. 北京：化学工业出版社，2004.

[2] 闫振甲，何艳君等. 工业废渣生产建筑材料 [M]. 北京：化学工业出版社，2003.

[3] 庄伟强等．固体废物处理与利用（第二版）[M]．北京：化学工业出版社，2008．
[4] 王罗春，赵由才等．建筑垃圾处理与资源化[M]．北京：化学工业出版社，2004．
[5] 陈燕，岳文海，董若兰等．石膏建筑材料[M]．北京：中国建材工业出版社，2003．
[6] 李青山，公玲，梁春雨，许红梅．废旧聚氯乙烯粉煤灰复合材料的研究[J]．粉煤灰综合利用 2000，（4）．
[7] 江怀，杨茜，胡继鸿．粉煤灰综合利用新发展[J]．砖瓦．2004，（9）．
[8] 郝小非，饶先发，李明周．我国粉煤灰综合利用现状与展望[J]．矿山机械，2006，（10）．
[9] 南票矿务局编．综合利用煤矸石[M]．北京：煤炭工业出版社，1978．
[10] 煤矸石砖编写组．煤矸石砖[M]．北京：煤炭工业出版社，1986．
[11] 李建勇．煤矸石在建材中的利用[J]．山东建材．1997（2）．
[12] 贾宗太．抓好煤矸综合利用促进矿山环境保护[J]．矿业安全与环保．2003，30（6）．
[13] 石磊，赵由才，牛冬杰．铬渣的无害化处理和综合利用[J]．再生资源研究．2004，（6）．
[14] 梁爱琴，匡少平，白卯娟．铬渣治理与综合利用[J]．中国资源综合利用，2003，（1）．
[15] 郑礼胜，王士龙，李建霞．铬渣的稳定化研究[J]．现代化工，1999，19（3）．
[16] 纪柱．铬渣的危害及无害化处理综述[J]．无机盐工业，2003，35（3）．
[17] 庄伟强等．固体废物处理与利用（第二版）[M]．北京：化学工业出版社，2008．
[18] 丁铁福，苏利红等．氟石膏的综合利用[J]．有机氟工业．2006，（1）．
[19] 张长森，吕金扬．氟石膏作矿化剂在立窑生产中的应用[J]．水泥工程，1996，（3）．
[20] 张仲强，王金栓．粉刷石膏在室内抹灰中的应用及施工[J]．山西建筑，2001，27（6）．
[21] 李正荣，刘世国．利用氟石膏生产高强石膏粉[J]．河北化工，1996，（1）．
[22] 陈云嫩．烟气脱硫石膏的综合利用[J]．中国资源综合利用，2003，（8）．
[23] 陶有生．烟气脱硫石膏在建筑业、建材业中的应用[J]．电力设备，2003，4（4）．
[24] 胡健民．脱硫石膏的综合利用[J]．上海电力，2006，（5）．
[25] 郭翠香，石磊等．浅谈磷石膏的综合利用[J]．中国资源综合利用，2006，（2）．
[26] 郑苏云，陈通等．磷石膏综合利用的现状和研究进展[J]．化工生产与技术，2003，（4）．
[27] 宋廷寿等．用磷石膏生产建筑石膏的研究[J]．新型建筑材料，2000，（4）．
[28] 张昌清．磷石膏制水泥缓凝剂工艺评述[J]．化学工业与工程技术，2001，（3）．
[29] 李东国．磷石膏开发利用的前景和途径[J]．节能．1998，（8）．
[30] 席美云．磷石膏的综合利用[J]．环境科学与技术．2001，（3）．
[31] 胡振玉，王健，张先．磷石膏的综合利用[J]．中国矿山工程，2004，（4）．
[32] 郑苏云，陈通，郑林树．磷石膏综合利用的现状和研究进展[J]．化工生产与技术，2003，10（4）．
[33] 赵建茹，玛丽亚·马木提．浅谈磷石膏的综合利用[J]．干旱环境监测，2001，18（2）．
[34] 刘毅，黄新．利用磷石膏加固软土地基的工程实例[J]．建筑技术，2002，33（3）．
[35] 李建光，童丽萍．黄河淤泥多孔砖在居住建筑节能设计中的应用[J]．施工技术，2008，37（10）．

# 第4章 新型建筑材料评价体系

墙体材料发展包含两方面的内容：一个是传统墙体材料的升级换代，根据建筑、环境、资源、能源等的要求提升某些功能，例如烧结黏土制品是我国墙体材料中主流的材料沿用了千年，现在因为受到资源、能源的影响，必须进行改良，现在生产出了节约土地资源的空心制品；另一方面是生产出新型的材料，根据特定的目的设计开发的新产品，例如为了满足建筑节能要求，近期生产的一些复合结构的保温砌块等。无论是传统材料的升级换代还是开发新产品，关键是找到科学的方向和合理的技术途径，只有从资源能源消耗、产品性能等方面综合评价，确定正确的主导产品技术途径，才能保证新型墙体材料的可持续发展。开展墙体材料评价体系研究，可为淘汰落后产品、发展优质产品提供理论基础和依据，是确定墙体材料发展方向的奠基性工作。这对保护耕地、节约能源与资源、改善环境、改进建筑功能也具有十分重要的意义。

## 4.1 评价体系概述

建立材料评价体系是材料科学健康发展的重要措施，国际上许多国家都有适合自己特点的墙体材料或建筑材料评价体系。目前我国有关墙体材料评价标准体系和方法有3种，采取的方法和侧重点不同。

（1）科技部设立专项研究课题"我国墙体材料评价体系研究"，由徐洛屹等人承担完成，针对我国现在墙体材料的发展状况，确立了适合我国国情的墙体材料评价体系。

（2）中国建筑材料科学研究总院的赵平、同继锋、马眷荣等提出的绿色建材产品的评价方法和框架思路。按照全生命周期分析（LCA）方法的理念，分别针对水泥、混凝土、新型墙体材料、建筑玻璃、建筑陶瓷、部分装饰装修材料作出初步的绿色度评价，建立绿色建材产品评价体系，对建筑材料在原料采集过程、生产过程、使用过程和废弃过程各阶段对环境影响显著的因素进行评价，从而实现对建材产品绿色度的评价。

（3）东南大学、江苏省墙改办、江苏省建筑科学研究院有限公司等单位的高岳毅、张亚梅、荀和生、许锦峰、乔增东等建立了基于环境、性能、技术和经济4方面相结合的新型墙体材料综合评价体系。该评价体系兼顾了墙材评价中的复杂性和准确性的要求，提出以层次分析法为理论基础的定性与定量相结合的评价方法，并且采用分级和线性插值等数据处理方法，使综合评价体系更具准确性和科学性。

## 4.2 墙体材料评价体系

徐洛屹等建立的"墙体材料评价体系"通过对不同种类的墙体材料产品进行综合比较，其范围从原料采掘开始，直到生产工艺、产品安装和构造、产品的长期使用，直到产品寿命终结与废弃后再生、利用等全过程。每一个阶段设立相应的参数指标，包括产品性能、生产与使用过程中对环境的影响等许多重要的参数，建立不同的评价层次，对多项参数进行对比分析，研究确立完整的墙体材料评价体系。选用的方法包括权重与专家打分评价法、综合评价法、层次分析评价法、区域评价法等，通过应用评价体系和方法，研究确定适合我国发展的墙体材料主导产品。确立区域墙体材料的发展方向可避免落后产品和生产技术在本地区盲目发展，减少低水平重复建设，从而有效地改变高耗能、低产出的落后生产方式，对优化墙体材料产业结构，推动节能利废，满足建筑功能和节能建筑要求的性能优异的新型墙体材料产品的开发将起到积极地推动作用。

### 4.2.1 评价原则

墙体材料的评价是一个综合评价，包括产品原料、生产过程、资源消耗、能源消耗、产品的性能、施工应用、环境适应性、终结回收等多个方面，涉及面较广，应用的指标参数很多，评价过程较为复杂。遵循一定的评价程序和方法，才能确保评价结果的合理性和科学性。

（1）目的性　分析、比较确定不同墙材产品的优劣性，为发展优质产品、淘汰落后产品提供科学的理论依据。

（2）客观性　墙体材料评价时所制定或选用的评价指标、评价方法、评价模式等要客观充分地反映产品的本质，既不夸大其优点，也不疏漏其缺点，尽可能使评价研究的结果更加准确。

（3）全面性　对墙体材料的评价实行全过程、全方位的综合评价，借助LCA（生命周期评价）方法确定评价指标的范围，对产品生产过程全面分析，从原材料采集，到产品生产、运输、销售、使用、回用、维护和最终处置整个生命周期阶段有关的过程，资源能源消耗、废物排放、长期使用对建筑节能的影响、经济性等方面。

（4）动态性　随着时间的推移，不同时期的材料品种不同，各个时期也会有主流的材料种类。在对墙材产品进行评价时，要考虑不同地区、不同原料来源、不同时期、不同气候条件、不同经济发展水平的综合因素。

（5）简明性　为了评价体系的可操作性，评价模式要简明合理，选定的评价指标既要反映墙体材料产品的品质，又要考虑评价过程的易操作程度。

（6）定量与定性评价　为克服评价过程的主观性，评价指标要尽量进行定量分析。如果难以设定定量指标，则采取定性指标，对墙体材料的权重和等级分值进行定性分析和评价。

### 4.2.2 评价标准

对墙体材料设定的评价标准，应从资源、能源、环境等方面切入，能引导墙体材料的可持续发展的总体方向。

（1）节材　在墙体材料生产过程中倡导"减量化"原则，节约或少量使用天然原材料，特别是不可再生的资源，如石灰、石膏、黏土等。

（2）可再生资源应用　在墙体材料生产过程中，鼓励大量利用工业废渣（煤矸石、石煤、粉煤灰、采矿和选矿废渣、冶炼废渣、工业炉渣、工业副产石膏、赤泥、建筑垃圾、生活垃圾焚烧余渣、化工废渣、工业废渣等）代替部分或全部天然资源。

（3）节约能源　在生产过程中通过改进工艺措施、选择先进设备等手段尽可能地降低煤、电、天然气、油料等能源消耗。

（4）减排　在生产过程中采取切实可行的环保措施，减轻环境负荷，尽可能减少"废渣、废气、废水"的排放。

（5）产品性能优良　产品满足使用的功能要求，施工性能好，有良好的耐久性。

（6）终结处理　产品在完成正常的使用寿命后，如何消化处理是可持续发展战略和环境相容理念在材料工程领域的重要体现。墙材产品使用寿命终结后，应可以回收循环利用。

#### 4.2.3　体系构成

根据评价原则和有关综合评价的基本原理，结合层次分析法，引用生命周期评价，该墙体材料评价体系分为4个层次和3级指标，建立起一个描述墙体材料体系功能或特征的内部具独立性的递阶层次结构。

4个层次包括：目标层（表示系统所要达到的目标）、评价标准层（实现预定目标所要执行的各项标准采取的措施）、主标准评价层、分标准评价层（或称为评价对象层）。

3级指标包括：一级指标、二级指标、三级指标。其中，一级指标由二级指标来进行评价，二级指标由三级指标来进行评价。最终把反映被评价对象的多个指标信息综合起来，可得到1个综合指标，由此来反映被评价对象的整体情况，并对其进行横向和纵向比较。

评价的墙体材料分为3大类型，即砖类、砌块类和墙板类。

一级指标包括质量评价（B1）和环境评价（B2）；二级指标包括选定评价质量的产品性能（C1）、施工性（C2）、安全性（C3）、经济性（C4）指标和选定评价环境的资源消耗（C5）、能源消耗（C6）、环境污染（C7）等指标构成；三级指标则由选定评价二级指标的分项组成。

#### 4.2.4　体系应用

体系将要评价的墙体材料按用途分为两种：内墙和外墙。设立了具体评价的三级指标。

1. 评价内墙产品的三级指标

C1的三级分项指标为：尺寸偏差（D1）、外观质量（D2）、强度性能（D3）、干燥收缩性（D4）、软化性能（D5）、耐火极限（D6）、隔音量（D7）、绝热性（D8）。

C2的三级分项指标为：施工便捷程度及施工效率（D9）、施工劳动强度（D10）、施工技术及配套机具（D11）、施工质量（D12）。

C3的三级分项指标为：抗地震性能（D13）、防水性（D14）、防火性（D15）、墙体寿命（D16）。

C4的三级分项指标为：原料成本（D17）、生产成本（D18）、运输成本（D19）、产品的施工安装成本（D20）、墙体厚度对使用面积影响造成的经济损失或效益（D21）。

C5的三级分项指标为：资源消耗和废渣利用（D22）。

C6 的三级分项指标为：原料采掘过程中消耗的能源（D23）、生产过程中消耗的能源（D24）、产品运输过程中消耗的能源（D25）、施工过程中消耗的能源（D26）。

C7 的三级分项指标为：生产中废渣、废料与粉尘的排放（D27）、生产中废水的排放（D28）、生产中废气的排放（D29）、产品生产和使用中对人体健康的影响（D30）、重复利用率及废弃后产品的可回收利用性及其对环境的影响（D31）。

2. 评价外墙产品的三级指标

C1 的三级分项指标为：尺寸偏差（D1）、外观质量（D2）、强度性能（D3）、耐久性能（D4）、干燥收缩性（D5）、吸水率和相对含水率（D6）、抗冻性能（D7）、耐火极限（D8）、隔音量（D9）、绝热性（D10）。

C2 的三级分项指标为：施工便捷程度及施工效率（D11）、施工劳动强度（D12）、施工技术及配套机具（D13）、施工质量（D14）。

C3 的三级分项指标为：抗大气作用的程度（D15）、抗地震性能（D16）、抗强风性（D17）、防水性（D18）、防火性（D19）、墙体寿命（D20）。

C4 的三级分项指标为：原料成本（D21）、生产成本（D22）、运输成本（D23）、产品施工安装成本（D24）、墙体厚度对使用面积影响造成的经济损失或效益（D25）。

C5 的三级分项指标为：资源消耗和废渣利用（D26）。

C6 的三级分项指标为：原料采掘过程中消耗的能源（D27）、生产过程中消耗的能源（D28）、产品运输中消耗的能源（D29）、施工过程中消耗的能源（D30）、长期使用中消耗的能源（D31）。

C7 的三级分项指标为：生产中废渣、废料与粉尘的排放（D32）、生产中废水的排放（D33）、生产中废气的排放（D34）、产品生产和长期使用中对人体健康的影响（D35）、重复利用率及废弃后产品的可回收利用性及其对环境的影响（D36）。

3. 权重的确定

对实际对象选定指标后，各指标权重（W）的确定有不同的方法：主观赋权法（利用专家的知识及经验去判断）和客观赋权法（由指标统计性决定）。该系统采用德尔菲（Delphi）法，又称为专家法，其特点是集中专家的经验与意见，确定各指标的权重，并在不断的反馈和修改中得到比较满意的结果。

按照墙体材料综合评价体系结构层次及各级指标分别给内、外墙体系指标的权重赋值。墙体材料权重的赋值原则及要求除上述说明以外，细节方面以外墙指标评定为例说明如下：确定墙体材料（外墙）总的权重为1，某一项上级指标相对于其所包含的若干项下级指标而言权重为1。例如：确定墙体材料为 A，则 WA＝WB1＋WB2＝1；WB1＝WC1＋WC2＋WC3＋WC4＝1；WC1＝WD1＋WD2＋…＋WD10＝1；等等。评价体系模型图如图4-1所示，评价步骤如图4-2所示。

4. 计算总分

根据确定的权重，按式（4-1）计算出所有要研究的对象的总分。

$$总分 = \sum_{i=1}^{k} W_i^D Q_{pi}^D \tag{4-1}$$

式中，$Q_{pi}^D$ 为该种产品第 $i$ 项指标专家的打分。然后依据得分情况判断各墙体材料的优劣。

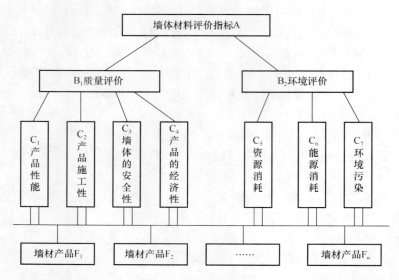

图 4-1 墙体材料产品评价指标体系示意图

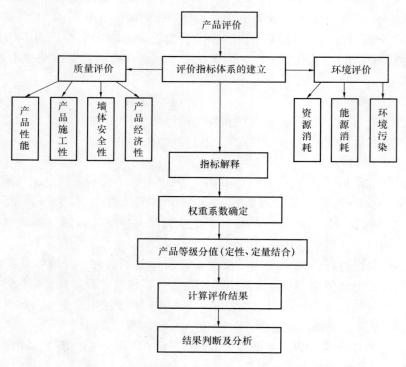

图 4-2 墙体材料产品评价步骤

## 4.3 我国绿色建材评价体系

"绿色建材技术及分析评价方法的研究"是国家"十五"科技攻关计划项目课题。该课题在对我国各种建材产品的生产过程中资源、能源消耗情况和对环境的污染以及使用寿命、维护和可再生利用性等性能指标进行深入调查分析的基础上，开展绿色建材产品评价方法的研究。按照全生命周期分析方法的理念，融合 LCA 评价和单因子评价方法，从而建立绿色建材产品评价体系。

### 4.3.1 体系的构建原则

我国绿色建材产品评价体系和评价方法的研究应遵循科学性和实用性相结合的原则。基本的指导思想是符合 ISO 9000 和 ISO 14000 的要求，兼顾我国建筑材料的发展水平，能引导和激励建材行业生产技术水平的不断提高。为了贯彻上述基本思想，在建立绿色建材产品评价体系时贯彻以下的构建原则。

1. 符合本国实际情况

要针对我国自身的地域、经济、社会及技术水平现状，根据实际需要建立具有本国特色的绿色建材产品评价体系，如能耗水平、环境污染排放水平等，不能只盲目靠近国际先进水平。评价的产品必须是国家产业政策鼓励发展和允许生产的，且必须符合国家制定的产业调控方针、相关产业政策及产品标准。

2. 指标科学性和实用性

建材品种繁多，不可能用一个简单的指标来规范，绿色建材产品评价体系要有一定的实用性和可操作性。经过大量的调研，掌握相关资料，针对不同品种建材产品分门别类制定实用性和操作性较强的评价指标，指标须具有明确的物理意义，具体的测试方法标准，统计计算方法规范，以保证评价的科学性、真实性和客观性。

3. 产品范围

从理论上讲，绿色建材产品评价的范围应针对所有的建材产品，但是考虑到目前我国建材工业的发展水平和在绿色建材产品评价方面的工作基础，首先选择建筑材料中应用范围广泛、产量大、能耗相对较高、对环境影响大的产品以及人们最为关心的建筑装饰装修材料进行绿色化评价，逐步过渡到对所有的建筑材料进行绿色化评价。现在涵盖了水泥、混凝土、新型墙体材料、建筑玻璃、建筑卫生陶瓷、部分装饰装修材料等。

4. 动态性

体系的动态性是指体系是开放的、可维护的。随着材料科学技术的发展和人们环境意识的提高，绿色建材的评价范围和评价指标相应地发展和完善，能够综合反映绿色建材不同阶段的现状特点和发展趋势。

5. 指标针对性

绿色建材产品评价指标应包括建材产品整个生命周期各个环节对环境及人类健康的影响，但鉴于当前的生产力水平和人们物质生活水平以及管理体制方面的因素，绿色建材产品指标选择了直接影响环境和人体健康的相关指标。

### 4.3.2 体系组成

绿色建材产品评价体系分为 4 级指标体系，如图 4-3 所示。

（1）一级指标体系：基本指标体系、环境指标体系；

（2）二级指标体系：质量指标、原料采集过程指标、生产过程指标、使用过程指标、废弃过程指标；

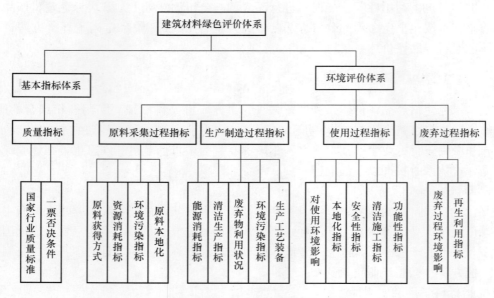

图 4-3 绿色建材产品评价体系框架

(3) 三级指标体系：对应上述 4 个二级指标设置不同的三级指标，包括资源消耗指标、开采时的环境影响指标；能源消耗指标、清洁生产指标、废弃物利用情况、环境污染指标、生产工艺装备；使用环境影响、本地化指标、安全性指标、清洁施工指标、功能性指标；再生利用性能指标、废弃过程环境影响等；

(4) 四级指标：对应每一个三级指标还有若干具体指标支撑，组成更具体和完整的 4 级指标体系。

### 4.3.3 评价方法

自从"绿色建材"的概念提出后，国内外都十分重视其评价方法、评价体系的研究。由于研究对象、研究目的、研究背景等不尽相同，提出的评价方法、评价体系也各不相同。有单因子评价法、环境负荷单位法（ELU）、生态指数法（EI）、环境商值法（EQ）、生态因子法（ECOI）、生命周期评价法（LCA）等。

我国目前阶段建筑材料绿色度的评价采用全生命周期的理念，将单因子评价体系贯穿于建材整个生命周期的"4 个阶段"之中，即涵盖原料采集过程、生产过程、使用过程和废弃过程各阶段对环境影响显著的评价因素进行逐项评价。同时必须应满足基本目标（主要指品质要求）、环保目标、健康目标和安全目标的要求。将多项单因素指标组合成多项评价体系结构，各项评价指标根据其在体系中的重要程度确定不同的权重，通过评价模型，综合评价各种建筑材料的绿色度。

1. 绿色度数学方法

$$J_d(i) = \sum_{j=1}^{n} L_{sd} W_{ij} = \sum_{j=1}^{n} S_{ij} W_i J_d(i) \tag{4-2}$$

式中 $i = 1, 2, 3, 4$，分别代表原料采集、生产、使用及废弃回收等阶段；

$W_{ij}$——阶段 $i$ 所对应评价指标 $j$ 的权重值；

$S_{ij}$——阶段 $i$ 所对应评价指标 $j$ 的量化得分；

$J_d(i)$——阶段 $i$ 的综合得分；

$W_i$——阶段 $i$ 的权重；

$L_{sd}$——待评价建筑材料产品的综合绿色度。

**2. 评分系统及权重**

定量指标采用 5 级评分系统，每一个指标分解为若干个等级，依次打分。一般原则为：高于行业平均水平或高于国家或行业在有关政策、规划等文件中要求值的指标评分为 4 分或 5 分；与行业平均水平或国家或行业在有关政策、规划等文件中要求值持平的指标评分为 3 分；低于行业平均水平或低于国家或行业在有关政策、规划等文件中要求值的指标评分为 2 分或 1 分。

定性指标主要根据国家有关推行清洁生产、实施绿色要求的产业发展和技术进步政策、资源环境保护政策以及行业发展规划选取，满足要求为 5 分，不满足要求该项指标为 0 分。

评价指标的权重系数反映评价方法对各个评价指标重要性的选择；权重系数不同，评价结果不同。该体系权重系数的确定采用专家咨询法为主，辅以数据处理。权重系数是在有关材料专家调查的基础上，运用数学方法统计处理得到。发放专家调查表、请专家打分，并对数据统计计算，最终确定各级指标权重。

## 4.4 新型墙体材料评价体系

新型墙体材料评价体系在对材料进行评价时综合考虑了材料的生产过程、产品性能、建筑应用等因素。

### 4.4.1 体系构建思路

新型墙体材料的使用功能最终体现在建筑上，因此新型墙体材料综合评价体系的建立，定位在对新型墙材产品进行评价研究时必须综合考虑建筑功能的要求，以及不同地区、不同建筑节能设计标准的差异性。

我国目前的建筑形式，就建筑结构体系而言，主要分为砌体结构和框架结构体系；根据墙体结构受力情况分类，主要有承重墙体和非承重墙体；根据建筑部位分，有外围护墙、内隔墙和分户墙，等等。本方法介绍非承重外围护墙、内隔墙和承重墙墙体的评价指标体系，对承重外墙和分户墙可以在外围护墙和内隔墙评价指标体系的基础上稍做调整即可。

构建该体系时主要基于以下几点：（1）墙体材料指标体系的多样性、复杂性，以及区域特殊性。（2）墙体材料革新涉及面广，构成新型墙材发展的因素很多，主要有产品技术水平、产品质量和性能的优劣、环境影响和经济承受能力。为了使评价指标体系具有广泛的实用性和可操作性，建立了包括环境、性能、技术和经济四方面相结合的综合评价指标体系。（3）考虑墙材综合评价的复杂性和定量与定性相结合的特点，确定了以层次分析法（Analytic Hierarchy Prosess 简称为 AHP）为基础的墙体材料综合评价方法。

### 4.4.2 体系组成

在经过召集有关专家进行反复讨论、修订，并参照了国内外大量文献的基础上，对各种指标进行筛选、归类，构建了3层次的墙体材料综合评价指标体系，一级指标为类型指标，二级指标为控制指标，三级指标为表述指标。一级指标和二级指标框架如图4-4所示。

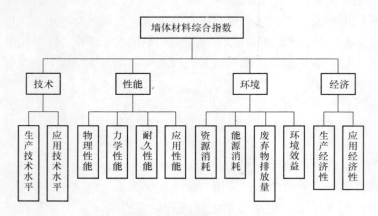

图 4-4 墙体材料综合评价一二级指标框架

### 4.4.3 评价指标值的计算

指标赋值是量化评价的基础，由于指标构成的多样性以及指标间的不可公度性，因而无法进行直接对比，不便于进行综合评价。因此，在使用该指标体系进行综合评价前，必须将各具体指标的属性值进行规范化，即统一变换到1~4。

对指标体系中无法获得精确数据的指标，采用定性对比分析，定性指标的指数值用评分确定，其取值范围可取1~4，评分越大越优。对于可以通过直接计量或间接计量的定量指标可通过线性插值转换到1~4的指数值。

根据专家意见和实际应用的经验设立了指标的权重值。

### 4.4.4 体系的应用

设立了指标和权重系数后就可以进行评价了，下面是体系具体应用的实例。表4-1是由高岳毅等人针对江苏省框架结构外墙做的分析结果。从中也可以看出3级指标的确立方法。

对于选定的墙体，按照评价指标的计算方法，求得各墙体的相应指数值，然后与评价体系中的相应合成权重相乘，其各自乘积之和即为各个墙体综合评价结果（技术、性能、经济和环境的单项评价结果的计算也是如此）。

评价数学模型为：设各因素的指标值为 $C_i$，单项权重系数为 $r_i$，合成权重系数为 $R_i$，则：单项评价分值为：

$$A = \Sigma C_i r_i \tag{4-3}$$

综合评价分值为：

综合评价指标权重值　　　　表 4-1

| 一级指标 | 二级指标 | 三级指标 | 权重 一级 | 权重 二级 | 权重 三级 | 单项权重 $r$ | 合成权重 $R_i$ |
|---|---|---|---|---|---|---|---|
| 技术 | 生产技术水平 | 生产机械化程度 | 0.19 | 0.5 | 25 | 12.5 | 2.375 |
| | | 达到的国内外水平 | | | 35 | 17.5 | 3.325 |
| | | 单线规模经济水平 | | | 15 | 7.5 | 1.425 |
| | | 产品质量保证体系是否健全 | | | 25 | 12.5 | 2.375 |
| | 应用技术水平 | 施工效率 | | 0.5 | 30 | 15 | 2.850 |
| | | 配套要求难易程度 | | | 15 | 7.5 | 1.425 |
| | | 是否可实现施工装配化 | | | 20 | 10 | 1.900 |
| | | 应用技术标准是否齐全 | | | 35 | 17.5 | 3.325 |
| 性能 | 物理性能 | 密度 | 0.35 | 0.30 | 10 | 3 | 1.050 |
| | | 干燥收缩值 | | | 15 | 4.5 | 1.575 |
| | | 导热系数 | | | 15 | 4.5 | 1.575 |
| | | 蓄热系数 | | | 15 | 4.5 | 1.575 |
| | | 隔声指数 | | | 15 | 4.5 | 1.575 |
| | | 吸水率 | | | 10 | 3 | 1.050 |
| | | 耐火性 | | | 10 | 3 | 1.050 |
| | | 放射性 | | | 10 | 3 | 1.050 |
| | 力学性能 | 强度 | | 0.30 | 100 | 30 | 10.5 |
| | 耐久性能 | 抗碳化 | | 0.17 | 30 | 5.1 | 1.785 |
| | | 软化系数 | | | 35 | 5.95 | 2.082 |
| | | 抗冻性 | | | 35 | 5.95 | 2.082 |
| | 应用性能 | 装修性能 | | 0.23 | 30 | 6.9 | 2.415 |
| | | 建筑通病出现频度 | | | 30 | 6.9 | 2.415 |
| | | 人体亲和性 | | | 20 | 4.6 | 1.610 |
| | | 扩大使用面积 | | | 20 | 3.4 | 1.190 |
| 经济 | 生产经济性 | 单位规模的设备投资强度 | 0.11 | 0.3 | 16.7 | 5.01 | 0.551 |
| | | 投资回报期 | | | 16.7 | 5.01 | 0.551 |
| | | 单位产品定额价 | | | 33.3 | 9.99 | 1.099 |
| | | 投入产出比（利润率） | | | 33.3 | 9.99 | 1.099 |
| | 应用经济性 | 单位面积墙体造价 | | 0.7 | 50 | 35 | 3.850 |
| | | 墙体造价占当地建安造价的百分比 | | | 50 | 35 | 3.850 |
| 环境 | 资源消耗 | 黏土 | 0.35 | 0.29 | 35 | 10.15 | 3.552 |
| | | 水泥（石灰、石膏） | | | 21 | 6.09 | 2.132 |
| | | 砂 | | | 11 | 3.19 | 1.116 |
| | | 石子 | | | 11 | 3.19 | 1.117 |
| | | 钢材 | | | 11 | 3.19 | 1.116 |
| | | 水 | | | 11 | 3.19 | 1.116 |
| | 能源消耗 | 标煤 | | 0.29 | 100 | 29 | 10.150 |
| | 废弃物排放量 | $CO_2$ | | 0.13 | 12.5 | 1.625 | 0.569 |
| | | $SO_2$ | | | 25 | 3.250 | 1.137 |

续表

| 一级指标 | 二级指标 | 三级指标 | 权重 ||||| 
|---|---|---|---|---|---|---|---|
| | | | 一级 | 二级 | 三级 | 单项权重 $r$ | 合成权重 $R_i$ |
| 环境 | 废弃物排放量 | $NO_x$ | 0.35 | 0.13 | 12.5 | 1.625 | 0.569 |
| | | 粉尘 | | | 12.5 | 1.625 | 0.569 |
| | | 废水 | | | 25 | 3.25 | 1.138 |
| | | 废渣 | | | 12.5 | 1.625 | 0.569 |
| | 环境效益 | 节土量 | | 0.29 | 30 | 8.7 | 3.045 |
| | | 节能量 | | | 30 | 8.7 | 3.045 |
| | | 利废量 | | | 25 | 7.25 | 2.538 |
| | | 可循环利用性 | | | 15 | 4.35 | 1.522 |

$$Q = \Sigma C_i R_i \qquad (4-4)$$

不同评价结果反映了不同墙材产品组成的墙体综合评价效果的优劣程度。大家可以根据具体情况结合技术、性能、经济和环境单项评价结果，做出最终的选择。

**参考文献**

[1] 徐洛屹编著. 墙体材料的评价体系[M]. 北京：中国建材工业出版社，2007.
[2] 高岳毅，张亚梅，荀和生，许锦峰，乔增东. 新型墙体材料综合评价体系的建立[J]. 新型建筑材料，2005，12.
[3] 高岳毅，张亚梅，荀和生，许锦峰，乔增东. 新型墙体材料综合评价体系的应用[J]. 新型建筑材料，2006，1.
[4] 赵平，同继锋，马眷荣. 我国绿色建材产品的评价指标体系和评价方法[J]. 建筑科学，2007，4（23）.

# 第5章 建筑设计节材技术

人类发展进化的进程中"衣、食、住、行"等几个代表文明程度的标志性指标中,"住"是一个最重要的指标,我们从博物馆中可以看到远古祖先们从利用山洞、树林等遮风挡雨到穴居时代,再逐渐进化到草棚架直到房屋。在这个过程中,人们的居住形式主要是受到当时、当地能够获取的建筑材料和建造的技术制约,原始社会利用天然的土、木、石直到后来的烧砖瓦建房延续了数千年。真正意义上的现代建筑结构体系是随着18、19世纪钢铁工业和水泥工业的发展而出现的,利用钢材形成排架、框架、桁架、网架结构体系,利用混凝土和钢筋形成了钢筋混凝土框架、剪力墙等结构体系。进入20世纪以后,随着建筑造型、建筑设计和跨度的要求越来越高,出现了一些新的结构体系,如钢-混凝土混合结构、索张拉结构、索穹顶结构、膜结构、高效预应力结构等。

建筑设计是建筑节材技术系统过程的中间环节,起着承前启后的作用,建筑节材目的的实现首先体现在建筑设计方案中。一方面要积极采用前端生产的节约型建筑材料,另一方面要优化设计方案,在建筑结构形式选用上充分贯彻节材理念。

## 5.1 建筑结构方案选用

### 5.1.1 我国传统建筑结构形式

目前我国工业与民用建筑主要有以下几种结构类型:

(1) 砖混结构:是由砖或承重砌块砌筑的承重墙,现浇或预制的钢筋混凝土楼板组成的建筑结构。它是最早、最常见的结构形式,多用来建造低层或多层居住建筑,农村和小城镇建设中采用较多。

砖混结构的优点是:容易就地取材,造价较低;砖、石或砌块具有良好的耐火性和较好的耐久性。其缺点是:构件的截面尺寸较大,材料用量多,自重大;砌筑施工过程劳动量大;砌体的抗拉和抗剪强度较低,结构抗震性较差,在使用上受到一定限制。

(2) 框架结构:梁、柱和楼板构成建筑物的承重体系,外墙为非承重填充墙,内墙有分户墙和分室墙。多用来建造多层和高层建筑。

框架结构的最大特点是承重构件与围护墙体有明确分工,建筑的内外墙处理十分灵活,应用范围很广。根据框架布置方向的不同,框架体系可分为横向布置、纵向布置及纵横双向布置3种。横向布置是主梁沿建筑的横向布置,楼板和联系梁沿纵向布置,具有结构横向刚度好的优点,实际采用较多。纵向布置同横向布置相反,横向刚度较差,应用较少。纵横双向布置是指建筑的纵横向都布置承重框架,建筑的整体刚度好,是地震设防区采用的主要方案之一。

(3)框架-剪力墙结构:由剪力墙和框架共同承受竖向和水平作用的结构,也叫框架抗震墙结构,它是由若干个框架和剪力墙共同作为竖向承重结构的建筑结构体系。框架结构建筑布置比较灵活,可以形成较大的空间,但抵抗水平荷载的能力较差,而剪力墙结构则相反。框架-剪力墙结构使两者结合起来,取长补短,在框架的某些柱间布置剪力墙,从而形成承载能力较大、建筑布置又较灵活的结构体系。在这种结构中,框架和剪力墙是协同工作的,框架主要承受垂直荷载,剪力墙主要承受水平荷载。

(4)剪力墙结构:利用建筑的内墙或外墙做成剪力墙以承受垂直和水平荷载的结构,也叫抗震墙结构,剪力墙结构的墙体和楼板都是全现浇钢筋混凝土。剪力墙结构的侧向刚度很大,变形小,既承重又围护,适用于高层建筑。国外采用剪力墙结构的建筑已达70层,并且可以建造高达100～150层的居住建筑。

(5)钢结构:指以钢材为主的建筑结构形式。常用钢板和型钢等制成的钢梁、钢柱、钢桁架等构件组成,各构件或部件之间采用焊缝、螺栓或铆钉连接,墙体由薄金属板内填轻质保温材料构成。钢结构具有重量轻、承载力大、可靠性较高、能承受较大动力荷载、抗震性能好、安装方便、密封性较好等特点。常用于跨度大、高度大、荷载大、动力作用大的各种工程结构中,可建造超高层建筑。但钢结构耐锈蚀性较差,需要经常维护,耐火性也较差。

(6)轻钢结构:建筑物的梁、柱、屋架结构构件均由轻型的钢构件组成,施工速度快,适于建造低层和多层工业、民用建筑。特别是轻型门式钢架结构,经过了近几年的发展,已经形成一种固定的结构形式,采用这种结构具有以下明显的特点和优势:

1)轻型门式刚架被称为工业化全装配式结构,从屋面、墙面、墙架、保温层和承重结构,形成完整的体系,具有高度的系列化和装配化,因此它可以像其他商品一样批量生产。

2)供货迅速,安装方便,施工速度快,不需大型起重设备,结构构件和围护结构在现场采用螺栓、自攻螺钉、拉铆钉连接,焊接工作量少,无湿作业,不受季节影响,可以比混凝土结构至少缩短一半工期。

3)外形美观,内部空旷,比一般结构更符合使用要求。厂房和库房内部可以实行任意分隔。辅以彩色压型钢板的围护结构集保温、隔热、防水、装饰于一体,色彩鲜艳,线条挺拔,不用二次装修。

4)重量轻,轻钢结构重量是混凝土结构的 $1/8\sim1/10$,是普通钢结构的 $1/2\sim1/3$,每平方米用钢量为约25kg。围护结构采用压型金属板。因此,对地震区、地质条件差和运输不便的地区,其优越性更为明显。

5)轻钢结构造价相对较低,特别是对轻型厂房和多层住宅等建筑,能取得较好的经济效果。

6)建筑形式灵活多样:在梁高相同的情况下,轻钢结构的开间可比混凝土结构的开间大50%,从而使建筑布置更加灵活。增加有效使用面积:与混凝土结构相比,轻钢结构建筑结构柱面积减少,从而增加使用面积6%～10%,并可在梁上开孔穿越管线等,故可在净空相同时降低建筑高度,从而降低工程造价。

7)减少环境污染,符合环保要求:轻钢结构使施工方式发生了根本性转变,避免了钢筋混凝土结构施工所造成的环境污染和噪声污染,便于拆卸回收和重复使用,同时也解决了混凝土建筑物报废时，难以拆除和垃圾处理困难这一世界性难题。

8）抗震性能好：我国是多地震国家，轻钢结构在屋面和围护结构施工中采用长向连续铺设、紧固件连接、强度高、韧性好、有弹性、抗震性能优越。

但钢材也有一个致命的缺点：不耐火。钢材虽然是不燃材料，但在火灾高温作用下，其力学性能如屈服强度、弹性模量等却会随温度升高而降低，在550℃左右时，降低幅度更为明显，一般在15min左右就会丧失承重能力而垮塌。因此，对钢结构必须通过钢构件耐火保护和防火分区等措施进行防火保护。

### 5.1.2 我国新的建筑结构体系

随着我国社会经济总体水平的提高，建筑业的发展也十分迅速，建筑技术飞速发展，新的结构体系不断开发应用，建筑结构技术日新月异。形态各异的大跨度建筑、高入云端的高层与超高层建筑，在我国大地上拔地而起，显示出我国建筑结构水平空前提高，正在步入世界先进行列。最近20~30年涌现出了一些新的结构体系：钢-混凝土混合结构、索张拉结构、索穹顶结构、膜结构、高效预应力结构等。

（1）钢-混凝土混合结构

钢-混凝土混合结构是我国目前在高层建筑领域里应用较多的一种结构形式。通常将型钢混凝土和钢管混凝土结构统称为组合结构，它是利用两种不同性质的材料协同工作承受荷载，钢结构和混凝土结构各有所长，前者具有重量轻、强度高、延性好、施工速度快、建筑物内部净空高度大等优点；而后者刚度大、耗钢量少、材料费省、防火性能好。综合利用这两种结构的优点，为高层建筑的发展开辟了一条新途径，它利用钢筋混凝土的刚度以抵抗水平荷载，利用钢材的轻质和跨越性能好的优点，来构造楼面，取得经济合理、技术性能优良的效果。该体系包括：钢筋混凝土外框筒-钢框架组合体、钢筋混凝土核心筒-钢框架组合体系和带剪力墙的钢框架结构体系3类。统计分析表明，高层建筑采用钢-混凝土混合结构的用钢量约为钢结构的70%，而施工速度与全钢结构相当，在综合考虑施工周期、结构占用使用面积等因素后，混合结构的综合经济指标优于全钢结构和混凝土结构的综合经济指标。

世界上钢-混凝土混合结构最早于1972年用于芝加哥的Gateway Building（36层137m）。我国至20世纪80年代才将钢结构用于高层建筑，目前已建成或在建的高层建筑（约有40余幢）中有一半以上采用的是钢-混凝土混合结构，其中的典型建筑是上海金茂大厦和香港长江中心。钢-混凝土混合结构已被住房和城乡建设部列为要大力推广的建筑新技术目录中，今后将有更广泛的应用。

（2）索张拉结构体系

这种结构的基本受力构件有3类：受压构件、受弯构件和受拉构件。由于受拉构件截面的应力均匀，不会发生整体失稳，如利用高强钢索做成受拉构件，能最大限度地发挥受拉构件的作用，提高结构的经济性。在结构体系中巧妙利用张拉构件，结合少数刚性受压构件，可构成受力合理的高效张拉结构体系，不仅承载力高、刚度大，且能使各种材料的强度均得到很好的发挥。上海世纪公园三号钢结构大门和浦东国际机场钢屋架是有代表性的索张拉结构。

上海世纪公园位于上海市浦东新区，是上海市目前最大的公园，其三号钢结构大门的建筑方案设计由英国 Jestico Whiles 公司完成。大门建筑群由大门主入口和一系列辅助用房组成，该建筑群最显著的特点是 X、Y、Z 三个方向上都是曲线的三维曲屋面的造型，以及主入口的悬挑拉索结构，悬挑拉索使结构显得新颖轻巧。主入口结构体系和布置如图 5-1 所示。

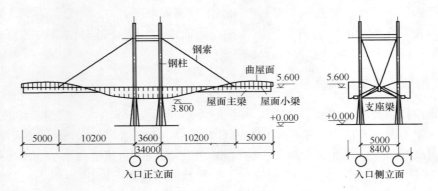

图 5-1 浦东世纪公园大门主入口示意图

该大门结构设计的关键和难点是抗风设计，由于采用钢结构，自重轻，因此地震不对结构设计起控制作用。要求钢索承担屋面的全部自重，并有一定的预拉力。

（3）膜结构

膜结构是张力结构体系的一种，它是用具有优良性能的柔软织物为膜材（如常见的 PVC 类、PTFE 类及有机硅类高强薄膜材料）及辅助结构（常见的有钢索、钢桁架或钢柱等）通过一定的方式使其内部产生一定的预张应力，并形成应力控制下的某种空间形态，作为覆盖结构或建筑物主体，并具有足够的刚度以抵御外部荷载作用的一种空间结构形式。膜结构采用的膜材大多采用涂层织物薄膜，分为两部分：内部为基材织物，主要提供材料的抗拉强度、抗撕裂强度等；外层为涂层，主要提供材料的耐火、耐久性、防水性、自洁性等。

膜结构具有如下特点：

1) 多变的支撑结构和柔性膜材使建筑物造型更加多样化，同时体现结构之美，且色彩丰富；膜建筑屋面重量仅为常规钢屋面的 1/30，这就降低了墙体和基础的造价。同时，膜建筑奇特的造型和夜景效果有明显的"建筑可识性"和商业效应，其价格效益比更高。

2) 膜结构中所有加工和制作依设计均可在工厂内完成，在现场只进行安装作业，与传统建筑的施工周期相比，它几乎要快一倍。

3) 膜材有较高的反射性及较低的光吸收率，并且热传导性较低。另外，膜材的半透明性可以充分利用自然光，减少能源消耗。

4) 由于自重轻，抗震性好，膜结构可以不需要内部支撑而大跨度覆盖空间，这使人们可以更灵活、更有创意地设计和使用建筑空间。

膜结构有以下 3 种形式：

1) 充气式膜结构：通过空气压力支撑膜体来覆盖建筑空间。它形体单一，运用较少。

2) 张拉式膜结构：通过钢索与膜材共同受力形成稳定曲面来覆盖建筑空间，它是索膜建筑的代表和精华，具有高度的形体可塑性和结构灵活性。

3) 骨架式膜结构：通过自身稳定的骨架体系支撑膜体来覆盖建筑空间，骨架体系决定建筑形体，膜体为覆盖物。如上海八万人体育场的看台挑篷是用钢骨架支承的膜结构，是我国首次在大型建筑上采用膜结构，如图 5-2 所示。

(4) 索穹顶结构

索穹顶结构实际上是一种特殊的索-膜结构，是近几年才发展起来的一种张力集成体系，其外形类似于穹顶，而主要的构件是钢索，由

图 5-2 上海八万人体育场

始终处于张力状态的索段构成穹顶，利用膜材作为屋面，因此被命名为索穹顶。由于整个结构除少数几根压杆外都处于张力状态，所以充分发挥了钢索的强度，只要能避免柔性结构可能发生的结构松弛，索穹顶结构便无弹性失稳之虞。所以，这种结构重量极轻，安装方便，可具有新颖的造型，经济合理，被成功地应用于一些大跨度和超大跨度的结构。

索穹顶结构有如下一些特点：

1) 全张力状态：索穹顶结构处于连续的张力状态，由始终处于张力状态的索段构成穹顶。

2) 与形状有关：与任何柔性的索系结构一样，索穹顶的工作机理和能力依赖于自身的形状。如果不能找出使之成形的外形，找不到结构的合理形态，索穹顶结构就没有良好的工作性能，不能工作。所以，索穹顶的分析和设计主要基于形状、拓扑和状态分析的形态分析理论。

3) 预应力提供刚度：与索系结构相同，索穹顶的刚度主要由预应力提供，结构几乎不存在自然刚度。因此，结构的形状、刚度与预应力分布及预应力值密切相关。但这些预应力产生于索元的内部应力，而并不需要由外部加载或张拉。

4) 自支承体系：索穹顶结构是一种自支承体系。索穹顶可以分解为功能迥异的 3 个部分：索系、桅杆及箍（环）索。索系支承于受压桅杆之上。索系和桅杆互锁。

5) 自平衡：索穹顶结构是一种自平衡体系，在结构成形过程中不断自平衡。在荷载态、桅杆、下端的环索和支承结构中的钢筋混凝土环梁或环形立体钢网架均是自平衡构件。

6) 与施工方法和过程相关：索穹顶的成型过程即是施工过程，结构在安装过程中同时完成了预应力及结构成型。

(5) 高效预应力结构体系

高效预应力结构是指用高强度材料、现代设计方法和先进的施工工艺的预应力结构，是当今技术最先进、用途最广、最有发展前途的建筑结构型式之一。目前，世界上几乎所有的高大精尖的土木建筑结构都采用了高效预应力技术，如大型公共建筑、大跨重载工业建筑、高层建筑、大中跨度桥梁、大型特种结构、电视塔、核电站安全壳、海洋平台等几乎全部采用了这一技术。

与传统预应力结构相比，高效预应力结构具有以下一些特点：

1）广泛采用高强度材料：目前国内预应力混凝土结构中混凝土强度等级达到C40～C80，甚至在C100以上。

2）按照现代设计理论设计。大大改善了高效预应力结构的抗震性能、正常使用性能等。

3）近年来开发了先进的施工工艺为高效预应力结构的大规模推广应用提供了技术基础。如高吨位、大冲程千斤顶的应用和多种锚固体系等。

4）高效预应力结构适用范围广，可适用于大跨度和超大跨度以及使用性能高的结构，并可拓展到高层结构转换层、钢结构、基础、路面等结构领域。

近年来高效预应力技术在我国发展迅速，已制定了专门的预应力结构设计、施工规程，工程中应用的预应力结构体系也很丰富。典型工程有面积最大的单体预应力工程——首都国际机场新航站楼。可以预计，随着高性能预应力材料（高强度混凝土、高强度预应力钢筋、新型纤维塑料筋等）的推广应用以及结构设计理论的不断发展。新型高效应力结构体系将在我国21世纪大规模的基本建设中发挥越来越大的作用。

（6）密肋壁板轻框结构

密肋壁板轻框结构主要由轻型框架（隐形框架）与密肋复合墙板构成。密肋复合墙板是以截面及配筋较小的钢筋混凝土为框格，内嵌以炉渣、粉煤灰等工业废料为主要原料的加气硅酸盐砌块。

密肋壁板轻框结构体系的主要特点：

1）结构自重轻、抗震性能好、承载力高、整体性好，形成三级地震能量释放体系，即按先填充砌块、再框格、后外框架的破坏顺序，从而满足二阶段三水准的抗震设计思想。

2）结构适应性强。这种以板块装配，组体灵活，通过改变墙板肋梁、肋柱的间距及配筋以调整墙板刚度及承载力，满足不同层数不同实用功能的建筑。

3）墙体厚度减薄，保温性能好，增大建筑物实用面积。

4）施工速度快。结构采用装配现浇式施工，机械化程度高，大大缩短工期。

5）填充砌块可有效提高结构抗侧力刚度，拓展框架结构的建造高度。

6）复合墙板综合了围护、分隔空间、保温、承载力构件的多种功能，从而可有效减小框架截面尺寸及配筋量，降低结构经济指标。

7）社会经济效益显著。大量利用工业废渣，降低造价。

此外，还有一些其他结构形式，如底部框剪砌体结构、巨型结构等结构体系均有其独到之处。

## 5.2 建筑设计节材

建筑物是按照建筑设计方案建造的，建造过程就是选用适当的建筑材料实现设计意图的过程。建筑设计环节的节材技术除了掌握建筑结构形式的相关内容外，还应该深入了解我国现阶段建筑材料的概况。

### 5.2.1 我国建筑材料概况

根据现代房屋的构成和功能，将建造房屋所涉及的各种材料，归结为主体材料和功能材料两大类：前者构成房屋的主体，包括结构支撑材料、墙体材料、屋（楼、地）面材料；后者赋予房屋以各种功能，包括隔热隔声材料、防水密封材料、装饰装修材料等，共分六大类。

建筑材料的分类方法很多，一般按功能分为三大类：

（1）结构材料：主要指构成建筑物受力构件和结构所用的材料，如梁、板、柱、基础、框架等构件或结构所使用的材料。其主要技术性能要求是具有强度和耐久性。常用的结构材料有混凝土、钢材、石材等。

（2）围护材料：是用于建筑物围护结构的材料，如墙体、门窗、屋面等部位使用的材料。常用的围护材料有砖、砌块、板材等。围护材料不仅要求具有一定的强度和耐久性，更重要的是应具有良好的保温性，符合节能要求。

（3）功能材料：主要是指担负某些建筑功能的非承重用材料，如防水材料、装饰材料、隔热材料、吸声材料、密封材料等。

### 5.2.2 结构材料的节材型设计

结构材料是在建筑中功能最重要的一部分，也是使用量最大的一部分，因此如何节约结构材料，成为节材型设计的重点。

节约结构材料的关键是要选定一个合理的结构体系。根据我国长期的实践经验，选定的房屋结构体系一定要求其支撑结构和围护结构的功能分开。过去的砖混结构之所以重量大、耗材多，就是将上述两个功能都加到了墙体的身上，致使墙体的重量约占到了房屋总重的70%～80%。如结构支撑体承担了房屋主承重的功能，则为墙体选用轻质材料创造了条件，可大幅度减轻墙体的重量；房屋重量轻，反过来又可节约支撑体系和房屋基础的用材。

### 5.2.3 围护材料的节材型设计

框架结构外墙和砌块建筑墙体材料的使用，按建筑节能设计要求不同经历了几个阶段。第一阶段，砌块直接砌筑，然后两面抹水泥砂浆或水泥石灰砂浆；第二阶段，需要在砌体外面或里面抹保温砂浆然后再做抹面砂浆；第三阶段，复合结构，要求在砌体外侧或里侧做聚苯板或聚氨酯保温层；第四阶段，自保温结构，也是今后发展方向，将砌块和保温隔热材料复合在一起，砌筑后形成保温与围护一体化的自保温结构形式，还可以延长保温材料的使用寿命，还可以达到建筑节能设计要求。

对非承重内墙的功能，特别是住宅分户墙和公用走道的要求是具有耐火、隔声和一定的保温功能和强度。我国现有的非承重内隔墙主要由硅酸盐水泥和石膏两大类胶凝材料为基础组成，可分为墙板和砌块两大类。板类中有薄板、条板，最近又在开发整开间的大板，共有品种几十种之多。内墙材料由水泥基板、块制品逐渐向石膏制品发展。

### 5.2.4 功能材料的节材型设计

由于功能材料是建筑材料体系中种类最为繁多的一类，主要包括建筑保温隔热材料、建筑防水材料、建筑防火材料、建筑光学材料、建筑声学材料、其他材料6大类。

功能材料节材的重点在于"物尽其用"。首先，正确选择材料，既不能小材大用，也不能高材低用；其次，依其不同的"服役工作环境"选定相应的材料，使用料与所处环境相适应；高材低用，大材小用就是功能过剩，就是浪费，在设计中尽量避免。

如在建筑保温隔热材料方面，外墙保温要求具有保温、隔热、隔声、耐火、防水、耐久等功能，并满足房屋建筑对其强度的要求，它对住宅的节材和节能都有重要的作用。我国幅员辽阔，按气候分为严寒、寒冷、夏热冬冷、夏热冬暖和温和地区5个建筑气候区。不同建筑气候区对建筑物的要求不同，为了达到节约采暖和空调能耗，采取的措施也不同：严寒地区主要考虑保温；寒冷地区要求以保温为主，兼顾隔热；夏热冬暖地区则以隔热为主。满足保温功能，采用保温材料即可；隔热可选择的途径较多，除采用保温材料外，还可采用热反射、热对流的办法等，或者是两者、三者的组合，因此存在着一个方案优化问题。

### 5.2.5 建筑设计节材原则

建筑的功能要求和所在地自然环境决定了建筑物的结构形式，在多种建筑结构中如何选择合理的建筑结构是摆在建筑师面前首要考虑的问题，而不同的建筑结构将决定其使用材料，对于建筑材料的节约性利用，建筑结构的选择尤其重要。

因此，在建筑结构设计中，利用从多角度发挥建筑结构形式的多样性，将建筑节材充分体现，不仅仅可以合理地使用多种建筑材料，减少建筑材料使用量，而且可为建筑业主节约大量成本，在设计中可以利用以下几方面来实现建筑节材性设计：

（1）设计时尽量多地采用工厂生产的标准规格的预制成品或部品，以减少现场加工材料所造成的浪费。这样一来，势必逐步促进建筑业向工厂化、产业化发展。而建筑工厂化、产业化发展是建筑材料发展的必然方向，如混凝土预制厂、混凝土搅拌站、钢结构加工企业、干混砂浆生产企业等建筑材料工业化企业的建立，集约化的生产不仅节约了大量的建筑材料，而且有效地提高了建筑材料的综合性能，降低了建设成本。

（2）设计时遵循模数协调原则，以减少施工废料。模数协调原则是现代建筑设计重要的节材原则。在过去相当长的一段时间中，由于缺少模数协调原则，不重视施工中各种材料的模数，一个新的建筑建成时，约有5%～10%的建筑材料成为施工废料，形成了很大的资源浪费。

（3）设计方案中尽量采用可再生原料生产的建筑材料或可循环再利用的建筑材料，减少不可再生材料的使用率。特别是在建筑装饰材料中，不可再生材料的使用率很高，如大理石、花岗石、天然石膏等材料。

（4）设计方案中提高高强钢材使用率，以降低钢材消耗量。

（5）设计方案中要求使用高强度混凝土，提高散装水泥使用率，以降低混凝土消耗量，从而降低水泥、砂石的消耗量。

（6）采用预应力混凝土结构技术。工程采用无粘结预应力混凝土结构技术，节约钢材约25%，节约混凝土约1/3，且减轻了结构自重。

（7）设计方案应使建筑物的建筑功能具备灵活性、适应性和易于维护性，以便使建筑物在结束其原设计用途之后稍加改造即可用作其他用途，或者使建筑物便于维护而尽可能延长使用寿命。与此类似，在城市改造过程中应统筹规划，不要过多地拆除尚可使用的建筑物，应该维修或改造后继续加以利用，尽量延长建筑物的服役期。

（8）选用集成化住宅技术。住宅的产业化成为当今最新的建筑模式，正在迅速地发展，而住宅产业化的关键在于"集成化"，集成就是需要在成熟部品产业链的条件下，在现场组合装配，没有湿作业，没有过多的建筑垃圾，实现文明施工，实现低碳节能环保的要求，在质量、效率、成本方面有明显的成效。

有一个现实的例子：现在家庭装修时，厨房内往往先贴瓷砖再做橱柜的装配，这样在橱柜与墙连接的部位就有橱柜背板、墙、瓷砖三种材料，造成了材料的浪费，如能通过集成设计将这三种材料合一，就能节省材料和空间。在这个方面，整体厨房、整体浴室是一个典范，可以避免材料浪费，已经被大家广泛接受。

（9）积极使用新型建筑材料领域的新工艺、新技术。新型建筑材料是一个不断变化的概念，随着时间的推移，其内容会不断地演替，一个时期的新型建筑材料过一段时间后就变成了常规的传统材料。比如，世界上出现水泥这种胶凝材料时，毫无疑义是一种新型建筑材料，但是今天我们谁都不会认为水泥是新型建筑材料。随着时代的发展、建筑市场要求的不断提高、竞争的加剧、科技的发展，建筑材料行业必然会发生一些传统材料的升级换代以赋予其新性能，也必然会出现一些具有优良性能的新材料。这些材料要用到建筑上，必须得到建筑设计人员的积极推广。近期出现的最典型的例子是夹芯复合自保温混凝土砌块，这种材料是因应50%、65%建筑节能目标的要求而出现的。在提出50%、65%甚至更高建筑节能目标时，建筑物围护结构的热绝缘性能不断提高、传热系数不断降低，传统的做法是先用砌块砌筑墙体，然后再在里面或外面用聚苯板或聚氨酯、泡沫玻璃等绝热性能优良的材料做内保温层或外保温层，这种结构做法有一定的优势可以满足建筑节能要求，但是造价高，有耐久性不良的隐患。在这种情况下将绝热材料与砌块复合在一起的夹芯复合自保温混凝土砌块就出现了，可以有效解决保温围护结构的耐久性问题，大幅度减少材料用量，省去了界面剂、网格布、粘结砂浆、锚栓等材料，节材效果显著，利于降低建筑物造价。

（10）积极使用再生材料和建筑构件。由于建筑量大面广，是消化利用采矿废渣、工业废渣、建筑垃圾、工业副产品等各种废弃资源的主要领域，用这些材料制成的建筑材料和建筑构件统称再生建筑材料。现在的制造工艺赋予这些材料良好的性能，如用粉煤灰制造的加气混凝土具有优良的保温性能；用煤矸石烧结制造的矸石多孔砖和煤矸石空心砌块孔洞率都在30%~38%之间，可以达到轻质高强的要求；用脱硫石膏、氟石膏、磷石膏等制造的石膏类建筑制品收缩小、强度高、密度小，是理想的轻质高强隔墙材料；利用工业废渣、建筑垃圾、采矿废渣与聚苯板复合生产的保温砌块是目前框架结构填充墙和砌块建筑理想的多功能墙体材料等。还有一些再生建筑材料或制品正在走向成熟，相信不久的将来我们周围没有垃圾，它们都变成建筑材料为我们的现代生活添砖加瓦。

**参考文献**

[1] 李国强. 当代建筑工程的新结构体系 [J]. 建筑学报，2002，7.
[2] 汤景舟. 强化建筑节材措施实现节能减排目标 [J]. 武汉建设，2008，1.
[3] 张建新，李辉. 我国实用新型建筑结构体系探讨 [J]. 建筑结构，2009，8.
[4] 汪琎. 新型建筑结构体系浅谈. http://www.lunwentianxia.com/product.free.10001140.1/.

# 第6章 建筑施工节材技术

施工过程就是把建筑材料转变成建筑产品的过程，而这一转变过程，主要是在施工现场（即工地）进行的。材料费用是工程成本的主要组成部分，一般来说，整个建筑成本费用中材料费用要占到60%～70%，一些特殊工程，材料费所占的比例还要大一些。决定材料费用高低的一是材料价格，二是材料消耗水平。在施工过程中，可以通过合理的施工组织设计，加强现场物资管理，采用新工艺、新技术、新材料等措施减少材料浪费。

## 6.1 科学先进的施工组织设计

在编制施工组织设计时，应认真贯彻自力更生、勤俭节约的方针，各项技术措施应符合企业自身的人力、物力、财力等状况。此外，在施工组织设计中，应明确降低施工成本的措施，以提高施工企业经济效益。如在施工现场布置时充分利用施工场地原有的设施（如房屋、材料堆场等），合理布置施工现场，以减少临时设施费用和因布置不合理引起的材料浪费；合理选用当地资源，尽量减少物资运输、储存等费用；采用先进的施工技术及施工手段，节约材料。

### 6.1.1 建筑产品生产的特点

建筑业生产的各种建筑物或构筑物统称为建筑产品，其与一般其他工业产品的生产相比较，施工活动具有如下特点：

（1）建筑产品生产的流动性。由于各种建筑物一旦建成后就无法移动，只能在建造地点长期使用，但是在建筑产品的生产中，工人及其使用的机具和建筑材料等不仅要随着建筑产品建造地点的不同而流动，而且要在建筑产品不同部位而流动生产。

（2）建筑产品生产的单件性。每个建筑产品都是在选定的地点上单独设计和单独施工，即使是选用标准设计、通用构件或配件，由于建筑产品所在地区的自然、技术、经济条件的不同，其施工组织和施工方法也要因地制宜，根据施工时间和施工条件来确定，从而使建筑产品生产具有单件性。

（3）建筑产品生产的地区性。由于建筑产品的建造地点不同，会受到建设地区的自然、技术、经济和社会条件的约束，从而使得建筑形式、结构、装饰设计、材料和施工组织等均不一样。因此，建筑产品生产具有地区性。

（4）建筑产品生产的周期长。因为建筑产品体型庞大，决定了建筑产品生产周期长。建筑产品的建成要耗费大量的人力、物力和财力。同时，建筑产品的生产全过程要受到生产程序的制约，使各专业、工种间必须按照合理的施工顺序进行配合和衔接。

（5）建筑产品生产的露天作业多。建筑产品地点的固定性和体型庞大的特点，使建筑产品不可能在工厂车间内直接进行施工。

(6) 建筑产品生产的高空作业多。随着城市现代化进程的加快,高层建筑物越来越多,建筑产品生产高空作业多的特点也日益明显。

根据这些特点,在进行建筑物的建造施工过程中,采取相应的措施合理组织施工,减少材料浪费。

### 6.1.2 施工组织设计的作用

施工组织设计的作用是对拟建工程施工的全过程实行科学管理。通过施工组织设计的编制,可以全面考虑拟建工程的各种具体施工条件,制定合理的施工方案,确定施工顺序、施工方法、劳动组织和技术经济的组织措施;合理地统筹安排拟定施工进度计划,保证拟建工程按期投产或交付使用;为建设单位编制基本建设计划和施工企业编制施工计划提供依据。施工企业可以提前掌握人力、材料和机具使用上的先后顺序,全面安排资源的供应与消耗,可以合理地确定临时设施的数量、规模和用途以及临时工程设计、材料和机具在施工现场的布置方案。

### 6.1.3 施工组织设计的类型和内容

(1) 施工组织总设计

施工组织总设计是以整个建设项目或以群体工程为对象编制的,是整个建设项目或群体工程组织施工的全局性和指导性施工技术文件。一般在初步设计(或扩大初步设计)和技术设计、总概算或修正总概算后,由负责该项目的总承包单位为主,由建设单位、设计单位和分包单位参与共同编制,它是整个建设项目总的战略部署,并作为修建全工地性大型暂设工程和编制年度施工计划的依据。

施工组织总设计的内容和深度,视工程的性质、规模、建筑结构和施工复杂程度、工期要求和建筑地区的自然经济条件的不同而有所不同。一般应包括以下一些主要内容:

1) 工程概况

简要叙述工程项目的性质、规模、特点、建造地点周围环境、气象要素等,拟建项目单位工程情况、建设总期限和各单位工程分批交付生产和使用的时间、有关上级部门及建设单位对工程的要求等已定因素的情况和分析。

2) 施工部署

主要有施工任务的组织分工和总进度计划的安排意见,施工区段的划分,网络计划的编制,主要单位工程的施工方案,主要工种工程的施工方法等。

3) 施工准备工作计划

主要做好现场测量、征地、拆迁工作,大型临时设施工程的计划和定点,施工用水、用电、用气、道路及场地平整工作的安排,有关新结构、新材料、新工艺、新技术的试制和试验工作,技术培训计划,劳动力、物资、机具设备等需求量计划及做好申请工作等,必要时可以列表说明。

4) 施工总平面图

施工总平面图是对整个建设场地的全面和总体规划。如施工位置的布置、材料构件的堆放位置、临时设施的搭建地点、各项临时管线通行的路线以及交通道路等。应避免相互交叉、往返重复,以有利于施工的顺利进行和提高工作效率。

5）技术经济指标分析

用来评价上述施工组织总设计的技术经济效果，并作为今后总结、考核的依据。

(2) 单位工程施工组织设计

单位工程施工组织设计是以一个单位工程，即一幢建筑物或一座构筑物为施工组织对象而编制的，一般应在施工图设计和施工预算后，由承建该工程的施工单位负责编制，是单位工程组织施工的指导性文件，也是编制月、旬、周施工计划的依据。

单位工程施工组织设计的编制内容和深度，应视工程规模、技术复杂程度和现场施工条件而定，一般有以下两种情况：

1）内容比较全面的单位工程施工组织设计。常用于工程规模较大、现场施工条件较差、技术要求较复杂或工期要求较紧以及采用新技术、新材料、新工艺或新结构的项目。其编制内容一般应包括工程概况、施工方案、施工方法、施工进度计划、各项需要量计划、施工平面图、质量安全措施以及有关技术经济指标等。

2）内容比较简单的施工组织设计。常用于结构较简单的一般性工业或民用建筑工程项目，施工人员比较熟悉，故其编制内容相对可以简化，一般只需明确主要施工方法、施工进度计划和施工平面图等。

(3) 分部分项工程施工组织设计

分部分项工程施工组织设计又称工程作业设计，它主要是针对工程项目中某一比较复杂的或采用新技术、新材料、新工艺或新结构的分部分项工程的施工而编制的具体施工作业计划，如较复杂的基础工程、大体积混凝土工程的施工、大跨度或高吨位结构件的吊装工程等，它是直接领导现场施工作业的技术性文件，内容较具体详尽。

## 6.1.4　施工组织设计的原则

（1）认真贯彻基本建设工作中的各项有关方针、政策，严格执行基本建设程序和施工程序的要求，合理组织力量，根据各方面条件的可能，保证工程按期交付使用。

（2）根据工程地质情况、气候条件等情况，统筹规划全局，做好施工部署，分期、分批、配套组织施工，缩短工期。

（3）由于建筑产品地点固定性的特点，所以不同的地点，即使建筑同样类型的建筑物或构筑物，其施工的准备、机具设备、技术措施、施工操作和组织计划等也都不尽相同。就一幢建筑物或构筑物而言，可以采用不同的施工方法和不同施工机具来完成；对某一分项工程的施工操作和施工顺序，也可采用不同的方案来进行。所以要在做好技术经济分析和多方案比较的基础上，结合建筑物的性质、规模和工期要求等特点，从经济和技术统一的全局角度出发，综合考虑材料供应、机具设备、构配件生产、运输条件、地质及气候等各项具体情况，从多个可能的方案中，选定最合理、最科学的施工方案和先进机具。

（4）积极采用新技术、新工艺，努力提高机械化程度，采用有效办法和措施节约劳动力，提高劳动生产率。

（5）分析生产工艺，合理安排施工项目的顺序；应用网络计划方法，合理调配力量，组织流水施工和立体交叉施工。

（6）贯彻勤俭节约的原则，因地制宜，就地取材；努力提高机械设备的利用率；充分利用已有建筑设施，尽量减少临时设施和暂设工程；制订节约材料和能源的措施；尽量减少运输量,合理安排人力、物力。

(7) 工地现场的临时设施(办公用房、仓库、预制场地以及供水、供电、供热等管线布置)可以采用不同的布置方案,要搞好施工总平面规划和管理,做到节约用地。

## 6.2 物资供应与管理

### 6.2.1 物资准备

建筑材料是建筑企业从事生产活动的物质基础。由于一项工程所需用建筑材料的品种繁多,用量大,质量要求高,占用资金大,供应不均衡,供应单位点多面广,因此在建筑施工企业中组织好材料的供应和管理工作,是企业生产经营的重要环节,也是实现施工生产正常进行的前提条件。

材料供应部门必须按照材料计划,并根据施工进度,有计划地组织材料进场。首先,搞好市场调查,掌握建筑材料的市场行情,取得材料采购中的主动权。其次,协调各方,紧密配合,积累资料,做好采购资料的基础工作。合理确定采购的数量,避免积压和浪费;根据施工需要,按计划有条不紊地供应所需材料。再者,合理安排材料储备,减少资金占用,提高资金利用效率。这就需要择优选购,尽量做到先本地,后外地;先批发,后零售;比质量、比价格、比运距和算成本,防止材料舍近求远,重复倒运,加强经济核算,努力降低采购成本,最终选择运费少、质量好、价格低的供应单位。

(1) 物资准备工作的内容

施工前的物资准备工作,是现场物资管理的开始。若是物资准备工作不周,仓促开工,就必然会造成现场混乱,工作被动。施工前的物资准备工作主要包括建筑材料的准备、构(配)件和制品的施工准备、建筑安装机具的准备和生产工艺设备的准备。

1) 建筑材料的准备

建筑材料的准备主要是根据施工预算的工料分析,按照施工进度计划的使用要求、材料储备定额和消耗定额,分别按材料名称、规格、使用时间进行汇总,编制出材料需要量计划。调查了解当地建筑材料的生产情况,考虑如何组织就地取材,为组织备料、确定仓库、堆放场地所需面积和组织运输等提供依据。

2) 构(配)件和制品的施工准备

根据施工预算提供的构(配)件和制品的名称、规格、质量和消耗量,确定加工方案和供应渠道以及进场后的储存地点及方式。编制出其需要量计划,为组织运输、确定堆场面积等提供依据。

3) 建筑安装机具的准备

根据采用的施工方案和安排的施工进度,确定施工机械的类型、数量和进场时间,确定施工机具的供应方法和进场后的存放地点和方式。编制建筑安装机具的需要量计划,为组织运输、确定堆场面积提供依据。

4) 生产工艺设备的做准备

按照拟建工程生产工艺流程及工艺设备的布置图,提出工艺设备的名称、型号、生产能力和需要量,按照设备安装计划,确定分期分批进场时间和保管方式,编制工艺设备计划，为组织运输、确定堆场和安装场地等提供依据。

（2）物资准备的程序

施工过程物资准备程序如图 6-1 所示。

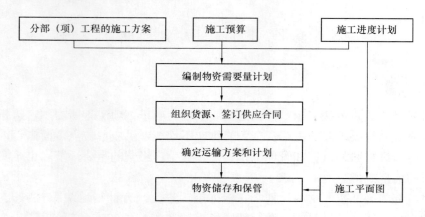

图 6-1 物资准备程序示意图

### 6.2.2 物资采购管理

施工企业项目材料管理是指企业的材料体系管理，不是某一单个项目的材料管理。工程项目是建筑材料与工艺的结合。因此，材料对于工程项目的质量、价格有着决定性影响。企业项目材料管理的任务是组织优质低价的材料，并合理节约使用，使企业在激烈的竞争中获得较好的经济效益。具体任务有以下 3 点：

（1）发展横向联合，建立优质低价和稳定的资源渠道。

建立稳定的供货关系和资源基地，特别是在我国建材市场运行还不够规范的条件下，发展联合，建立稳定的伙伴关系是十分必要的。因此，企业项目材料管理的首要任务是，建立质优、价低和稳定的资源渠道，提高企业的竞争能力。

（2）合理地组织材料的采购与供应。在满足项目需要的基础上，努力降低材料采购成本，为企业取得更多的采购与供应效益。

科学、周密地组织材料的采购、储备、运输和供应，是确保工程项目需要、降低采购费用，获得采购效益的关键。因此，企业项目材料管理的第二项任务是掌握建材市场动态，了解工程项目的需求，合理地组织材料采购，保质、保量、如期地实现材料供应，满足工程项目需要。并且做到占用少、周转快、费用低，为企业实现更多的采购供应效益。

在市场经济条件下，规模采购的本身就是效益，施工企业实行统一采购、供应，可以确保企业的规模效益。企业在组织材料采购供应中，要建立严格的材料计划管理体系和指挥调节体系，实行统一采购、统一供应，以获得材料采购供应效益。

（3）合理地组织材料与工艺的衔接，在确保工程项目的工期、质量的前提下，节约材料，为企业获得更多的材料使用效益。

材料的使用方法、管理手段及劳动者的操作是关系到材料能否节约使用、降低材料消耗的关键环节。因此，企业项目材料管理的第三项任务是：运用行政、经济管理手段，健全和完善材料使用过程的管理机制和办法；健全和完善各项材料管理的基础工作，如定额、计量、统计、凭证管理等；明确各方面的责任，调动各方面的积极性，实现节约用料、降低消耗的目的。

### 6.2.3 材料进、出仓的管理

材料在点收入库时，验收人员应清点数量是否与发货单相符，检验质量是否满足合同规定的标准要求，核对规格型号及计量单位是否符合规定的要求，并向供货商索取有关技术证书、产品合格证或检验报告。对质量达不到使用要求的材料或因施工方案变更不需用的材料应及时通知供货商，按规定办理退货手续。

原材料进仓，仓管员除按要求进行记录、验证外，还应按有关规定做好防护措施，并按材料的名称、规格、型号、进货日期等打上标识。对出仓的原材料要登记，并详细记录材料使用的部位，做到使用的可追溯性。为避免材料使用过程中发生误用，可将其标识复制随同材料一起发放，由于材料成本是项目成本的重要构成部分，故进、出仓还应记账，真正做到账账相符，并及时将有关数据反馈给财务部门，以便财务部门及时掌握项目的材料成本构成。

## 6.3 施工现场材料节约措施

### 6.3.1 加强现场管理

施工单位应该按照现场料具管理的要求，结合现场实际情况实行分工负责制和日常检查、定期检查制度，发现问题及时整改，确保现场料具管理达标。减少人为和自然消耗，降低生产成本。主要注意以下几点：

（1）加强材料和构件的平面布置及合理码放，防止因堆放不合理造成的损坏和浪费，同时减少材料及构件的二次搬运。

施工现场平面布置要从实际出发，因地制宜，堆料场所应当尽可能靠近使用地点及施工机械停放的位置，避免二次搬运，造成人工和机械的重复投入；不能选在影响正式工程施工作业的位置，避免仓库、料场的搬家；现场运输道路要坚实，循环畅通，装卸方便，符合防潮、防水、防雨和管理要求。

（2）坚持材料进场验收，防止损亏数量，认真做好现场材料的计量验收和台账记录，不同材料和不同的运输方式，采取不同的验收方法进行验收，最大限度地减少材料的人为和自然损耗。如对运输混凝土的车辆进行重量抽检，以方量最少者计量；砂石进场要车车量方。

（3）审核材料需用量计划，防止材料多进错进。如要掌握好最后一施工部位、最后一车混凝土用量，防止超量进场或搅拌造成浪费。

（4）限额领料、限额消耗，控制材料消耗。施工技术人员根据工程需要制订详细的材料定额使用量计划，对施工班组下料进行合理的使用指导，对超定额用料，经过原因分析后审批方可出库。

（5）现场搅拌站要严格实现配比的过磅计量，且计量准确，杜绝因配比不准造成的水泥、石料浪费。

（6）根据当日材料消耗数，联系本月实际完成的工程量，分析材料消耗水平和节超原因，制订材料节约使用的措施，分别落实给有关人员，并根据尚可使用数，从总量上控制今后的材料消耗，而且要保证有所节约。

（7）施工现场设立垃圾分拣站，并及时分拣、回收、利用。为考核材料的实际消耗水平，提供正确的数据。

（8）搞好工程收尾工作。当工程接近收尾时，材料使用量已超过70％，要认真检查现场存料，估计未完工程的用料情况，在平衡的基础上，调整原用料计划，消减多余，补充不足，以防止工程完工后出现剩料的情况，为"工程完、场地清"创造条件。将拆除的临建材料尽可能考虑利用，尽量避免二次搬运。对施工中发生的垃圾、钢筋头、废料等，要尽可能的再利用，确实不能利用的要随时清理，综合利用一切资源。对于设计变更造成的多余材料，以及不再使用的料具等要随时组织退库，妥善保管。

（9）加强施工现场的安全保卫工作，防止材料、机具丢失。

### 6.3.2 主要材料节约措施

（1）钢材及金属材料

1）钢材及金属材料的储存，必须按规定、品种、型号、长度分别挂牌堆放，底垫木不小于200mm。有色金属、薄钢板、小口径薄壁管应存在仓库或料棚内，不露天堆放，防止因受雨潮而锈蚀、损坏。

2）增强钢材综合利用效果。目前，钢筋加工向集中加工方向发展，对集中加工后的剩余短料尽量利用，如制造钢杆、穿墙螺栓、预埋件、U形卡等制品。

3）严格控制钢筋的下料尺寸，提高钢筋加工配料单的准确性，减少漏项、消灭重项、错项。

4）加强对钢模板、钢跳板、钢脚手架管等周转材料的管理，使用后要及时维修保养，不许乱截、垫道、车轨、土埋。大钢模改造要现场设计，现场加工。

5）搞好修旧利废工作。用短小钢筋制作过梁等小型构件；对各种铁制工具应及时保养保修，延长使用期限。

（2）木材及木制周转材料

1）在干燥、平坦、坚实的场地堆放，垛基不低于400mm，垛高不超过3m，以便防腐防潮。

2）选择堆放点时，远离危险品仓库及有明火（锅炉、烟囱、厨房等）的地方，并应设置"严禁烟火"的标志和消防设备，防止火灾。

3）标准层施工，模板编号周转使用、禁止随意切割；竹木胶板在施工前进行模板设计，先做配板图，尽可能使用整张模板；需要切割时，在切割后应用油漆封边处理，以提高周转次数。

4）加速木制周转材料的周转。木模板一般倒用5次，木支撑一般倒用12～15次，枕木使用年限为3～5年，各班组要注意木制周转料的调剂工作。根据木材质量、长短等情况，规定不同的规格以便于木材周转使用。

5）严禁优材劣用、长材短用、大材小用，合理使用木材。拆模后应及时将木模板、木支撑等清点、整修、堆码整齐，防止车轧、土埋，尽量减少模板和支撑物的损坏。不准用木制周转材料铺路搭桥,严禁用木材烧火。

6)尽量采取以金钢代木、以塑代木等各种形式节约木材,施工中尽量以钢模板代替木模板。

(3)水泥

水泥的品种和强度等级有很多,因此经济合理地选择使用水泥,对于降低混凝土成本和保证工程质量都是非常重要的。除了使用商品混凝土以外,在砖胎模、抹灰砂浆、砌筑砂浆中,全部用散装水泥取代袋装水泥,可大量节约工程成本。

1)水泥在运输过程中轻装轻卸,散灰车运输要往返过磅,卸散灰时要敲打灰罐,卸净散灰。因特殊情况需在风雨天运输水泥时,做好水泥苫盖工作。

2)水泥库要有门有锁,专人管理,水泥库内地面应做到防水防潮,水泥不得靠墙码放,离墙不小于100mm,库内地面一般应高于室外地坪300~500mm,在使用时做到先进先出,有散灰及时清理使用。

3)对混凝土配合比进行技术复核、控制水泥用量;合理使用外加剂、掺合料,减少水泥用量。

4)灌注混凝土时,要有专人对下灰工具、模板、支撑进行检查,防止漏灰、漏浆、跑模。各工序及时联系,防止超拌,造成浪费。

5)施工操作中洒漏的混凝土、砂浆及时清扫利用,做到活完、料净、脚下清。

在施工过程中可按图6-2所示的方法节约水泥。

(4)外加剂

外加剂是现代混凝土技术不可或缺的组分,被称为第五组分,选用合适的外加剂,如

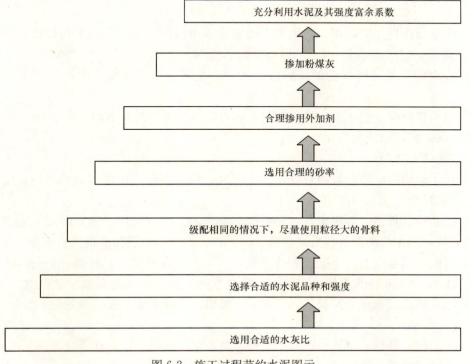

图6-2 施工过程节约水泥图示

减水剂、早强剂、缓凝剂、防水剂、养护剂等，可改善结构材料的相关性能，保证混凝土质量。若混凝土中加入一定量的外加剂，可大大提高混凝土性能外，还能节约工程材料。如图 6-3 所示。

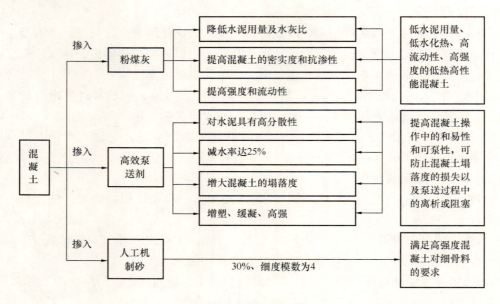

图 6-3 掺加外加剂

（5）门窗

1) 运输过程中不能挤压、磕碰，并应有防雨、防潮的设施；装卸时严禁磕、碰、撬、摔。

2) 应堆放在选用能防雨、防晒的干燥场地或库房内，设立靠门架与地面的倒角不小于 70°，离地面架空 200mm 以上，以防受潮、变形、损坏。

3) 按规格及型号竖立排放，码放整齐，不塞插挤压，五金及配件应放入库内妥善保管。

4) 露天存放时下垫上苫，发现钢材表面有油漆剥落时及时刷油（补油）；铝合金制品不准破坏保护膜，保证包装完整无损。

（6）玻璃

1) 装车运输时应使包装箱直立，箱头向前，箱间靠拢，切忌摇晃和碰撞；装卸时应直立并轻拿轻放。

2) 按品种、规格、等级定量顺序码放在干燥通风的库房内，如临时露天存放时，必须下垫上苫，禁止与潮湿及挥发品（酸、碱、盐、石灰、油脂和酒精等）放在一起。

3) 码放时箱盖向上，不准歪斜或平放，不承受重压或碰撞；垛高：2~3mm 厚的不超过 3 层；4~6mm 厚的不超过 2 层；底垫木不小于 10cm；散箱玻璃单独存放。

4) 经常检查玻璃保管情况，遇有潮湿、霉斑、破碎的玻璃要及时处理。

（7）五金制品

1) 按品种、规格、型号、产地、质料、整洁顺序定量码放，在干燥通风的库房内。

2) 存放时保持包装完整，不得与酸碱等化工材料混库，防止锈蚀。

3）发放按照先入先出的原则，遇有锈蚀及时处理；螺钉与螺帽及时涂防锈漆。
（8）水暖器材
1）按品种、规格、型号顺序整齐码放，交错互咬，颠倒重码，高度不超过1.5m，散热器有底垫木，高度不超过1m。
2）对于小口径及带丝扣配件，保持包装完整，防止磕碰潮尘。
（9）橡塑制品
1）按品种、规格、型号、出厂日期整齐定量码放在仓库内，以防雨、防晒、防高温。
2）严禁与酸碱油类及化学药品接触，防止侵蚀老化。
3）存放时保持包装完整，发放掌握先入先出的原则，防变形及老化。
4）混凝土养护塑料薄膜等可以重复利用的材料要做好回收再利用工作。
（10）油漆涂料及化工材料
1）按品种、规格存放在干燥通风、阴凉的仓库内，严格与火源、电源隔离，温度保持在5～30℃之间。
2）保持包装完整及密封，码放位置要平稳牢固，防止倾斜与碰撞；先进先用，严格控制保存期；油漆应每月倒置一次，以防沉淀。
3）制定严格的防火、防水、防毒措施，对于剧毒品、危险品（电石、氧气等），设专库存放，并有明显标志。
（11）防水材料
1）沥青底部应坚实平整，并与自然地面隔离，严禁与其他大堆混杂。
2）普通油毡存放在库房或料棚内，并且立放，堆码高度不超过2层，忌横压与倾斜堆放。玻璃布油毡平放时，堆码高度不超过3层。
3）其他防水材料按油漆化工材料保管存放要求执行。
（12）其他轻质装修材料
1）分类码放整齐，底垫不低于100mm，分层码放时高度不超过1.8m。
2）具备防水、防风措施，进行围挡、上苫；石膏制品存放在库房或料棚内，竖立码放。
（13）周转料具
1）随拆、随整、随保养，码放整齐。
2）组合钢模板扣放（或顶层扣放）；大模板对面立放，自稳角控制在17°～18°之间；钢脚手架管应有底垫，并按长短分类，一头齐码放；钢支撑、钢跳板分层颠倒码放成方，高度不超过1.8m；各种扣件、配件应集中堆放，并设有围挡。
3）对钢、铁质的材料均采用下垫上苫的方法，防止材料受雨潮而锈蚀、损坏。

### 6.3.3 综合节约措施

（1）燃料进入现场要严格验收，燃烧要烧净、烧透。
（2）用电要合理，经常保养检修设备，尽量避开高峰用电，严禁私自使用电热水器或电炉，做到人走灯灭。
（3）加强用水管理，经常检修管路配件，防止跑冒漏滴，严禁水夯基础，节约工程用水。

（4）节约用油，加强管理，计划用油，废油回收。车用油、机械用油实施限额领发手续，按标准使用，减少车辆空载。

（5）加强用气管理，合理使用氧气、乙炔气，换气时尽量不留残气，确保用气安全，用完即关掉阀门。

（6）要经常对班组做技术交底，根据其施工的实际情况进行分析，确保材料节约。

（7）用经济手段管理好材料。每月对班组进行核算，对技术性的节约情况进行统计，进行奖罚激励。

（8）经常召开材料实际使用分析会，在确保工程质量的情况下，利用一切技术措施达到节约的目的。

## 6.4 技术节约措施

先进的科学技术是提高劳动生产率、提高工程质量、降低工程成本、提高企业经济效益的源泉。在建筑施工中，要充分采用新工艺、新技术和新材料，实施技术节约措施，达到节约材料，降低成本的目的。需要注意的是，在实施一些技术节约措施前要制定工艺做法、所用设备、质量要求、节约措施计划及经济效果，在技术节约措施实施过程中填写效果台账。

建设工程推广应用新技术、新材料、新工艺、新设备是加快施工进度、提高施工质量、保障安全生产、降低施工成本、提高经济效益的重要途径。建设部于1994年就提出了关于建筑业推广应用10项新技术的通知，随后于1996年又提出了建筑业重点推广应用10项新技术的指导意见，对提高我国建筑业新技术的应用水平起到了积极和推动作用。目前推广应用的10项新技术如下（2005年）：

1. 地基基础和地下空间工程技术

（1）桩基新技术：

1）灌注桩后注浆技术；

2）长螺旋水下灌注成桩技术。

（2）地基处理技术：

1）水泥粉煤灰碎石桩（CFG桩）复合地基成套技术；

2）夯实水泥土桩复合地基成套技术；

3）真空预压法加固软基技术；

4）强夯法处理大块石高填方地基；

5）爆破挤淤法技术；

6）土工合成材料应用技术。

（3）深基坑支护及边坡防护技术：

1）复合土钉墙支护技术；

2）预应力锚杆施工技术；

3）组合内支撑技术；

4）型钢水泥土复合搅拌桩支护结构技术；

5）冻结排桩法进行特大型深基坑施工技术；

6）高边坡防护技术。

（4）地下空间施工技术：

1）暗挖法；

2）逆作法；

3）盾构法；

4）非开挖埋管技术。

2. 高性能混凝土技术

（1）混凝土裂缝防治技术。

（2）自密实混凝土技术。

（3）混凝土耐久性技术。

（4）清水混凝土技术。

（5）超高泵送混凝土技术。

（6）改性沥青路面施工技术。

3. 高效钢筋与预应力技术

（1）高效钢筋应用技术；HRB400级钢筋的应用技术。

（2）钢筋焊接网应用技术：

1）冷轧带肋钢筋焊接网；

2）HRB400钢筋焊接网；

3）焊接箍筋笼。

（3）粗直径钢筋直螺纹机械连接技术。

（4）预应力施工技术：

1）无粘结预应力成套技术；

2）有粘结预应力成套技术；

3）拉索施工技术。

4. 新型模板及脚手架应用技术

（1）清水混凝土模板技术。

（2）早拆模板成套技术。

（3）液压自动爬模技术。

（4）新型脚手架应用技术：

1）碗扣式脚手架应用技术；

2）爬升脚手架应用技术；

3）市政桥梁脚手架施工技术；

4）外挂式脚手架和悬挑式脚手架应用技术。

5. 钢结构技术

（1）钢结构CAD设计与CAM制造技术。

（2）钢结构施工安装技术：

1）厚钢板焊接技术；

2）钢结构安装施工仿真技术；

3）大跨度空间结构与大型钢构件的滑移施工技术；

4）大跨度空间结构与大跨度钢结构的整体顶升与提升施工技术。

(3) 钢与混凝土组合结构技术。

(4) 预应力钢结构技术。

(5) 住宅结构技术。

(6) 高强度钢材的应用技术。

(7) 钢结构的防火防腐技术。

6. 安装工程应用技术

(1) 管道制作（通风、给水管道）连接与安装技术：

1）金属矩形风管薄钢板法兰连接技术；

2）给水管道卡压连接技术。

(2) 管线布置综合平衡技术。

(3) 电缆安装成套技术；电缆敷设与冷缩、热缩电缆头制作技术。

(4) 建筑智能化系统调试技术：

1）通信网络系统；

2）计算机网络系统；

3）建筑设备监控系统；

4）火灾自动报警及联动系统；

5）安全防范系统；

6）综合布线系统；

7）智能化系统集成；

8）住宅（小区）智能化；

9）电源防雷与接地系统。

(5) 大型设备整体安装技术（整体提升吊装技术）：

1）直立单桅杆整体提升桥式起重机技术；

2）直立双桅杆滑移法吊装大型设备技术；

3）龙门（A字）桅杆扳立大型设备（构件）技术；

4）无锚点推吊大型设备技术；

5）气顶升组装大型扁平罐顶盖技术；

6）液压顶升拱顶罐倒装法；

7）超高空斜承索吊运设备技术；

8）集群液压千斤顶整体提升（滑移）大型设备与构件技术。

(6) 建筑智能化系统检测与评估：

1）系统检测；

2）系统评估。

7. 建筑节能和环保应用技术

(1) 节能型围护结构应用技术：

1）新型墙体材料应用技术及施工技术；

2）节能型门窗应用技术；

3）节能型建筑检测与评估技术。

(2) 新型空调和采暖技术：
1) 地源热泵供暖空调技术；
2) 供热采暖系统温控与热计量技术。
(3) 预拌砂浆技术。
8. 建筑防水新技术
(1) 新型防水卷材应用技术：
1) 高聚物改性沥青防水卷材应用技术；
2) 自粘型橡胶沥青防水卷材；
3) 合成高分子防水卷材：包括合成橡胶类防水卷材和合成树脂类防水片（卷）材。
(2) 建筑防水涂料。
(3) 建筑密封材料。
(4) 刚性防水砂浆。
(5) 防渗堵漏技术。
9. 施工过程监测和控制技术
(1) 施工过程测量技术：
1) 施工控制网建立技术；
2) 施工放样技术；
3) 地下工程自动导向测量技术。
(2) 特殊施工过程监测和控制技术：
1) 深基坑工程监测和控制；
2) 大体积混凝土温度监测和控制；
3) 大跨度结构施工过程中受力与变形监测和控制。
10. 建筑企业管理信息化技术
(1) 工具类技术。
(2) 管理信息化技术。
(3) 信息化标准技术。

## 6.5 商品混凝土和商品砂浆的应用

### 6.5.1 商品混凝土

商品混凝土亦称预拌混凝土，它的产生和出现可以说是混凝土发展历史上的一次"革命"，是混凝土工业走向现代化和科学化的标志。商品混凝土的实质就是把混凝土这种主要建筑材料从备料、拌制到运输等一系列生产环节从传统的施工系统中游离出来，成为一个独立经济核算的建筑材料加工企业——预拌混凝土厂或混凝土公司。混凝土的商品化生产能够因为生产的高度专业化和集中化等特点为建筑工程中节省水泥及其砂石材料，提高工程质量，改进施工组织，减轻劳动强度，降低生产成本提供可能，同时也因为能节省施工用地，改善劳动条件，减少环境污染而使人类受益。同时，推广商品混凝土还是推广散装水泥的重要先导措施，因此受到国家有关部门的高度重视。

#### 6.5.1.1 我国商品混凝土的发展概况

20 世纪 80 年代以来,党和政府十分重视商品混凝土的发展,各级建设行政主管部门制定了相应的扶持政策和措施。1987 年建设部印发了《关于"七五"城市发展商品混凝土的几点意见》,明确了发展预拌商品混凝土的方向和有关技术经济政策。1990 年,建设部印发的《建筑业重点推广应用 10 项新技术》(建〔1994〕490 号文)中,又把推广商品混凝土和散装水泥应用技术列为重点推广的首要内容。"八五"期间,建设部安排国家支持施工企业技术改造专项贷款的 11 亿人民币中,有 5 亿元之多(不包括企业自筹)用于支持预拌混凝土的发展。在国家"九五"规划中,又明确要求"九五"期间全国预拌混凝土的产量要比"八五"末期翻一番,商品混凝土占现浇混凝土的比重增加到 20%。《散装水泥发展"十五"规划》中明确规定,到 2005 年,我国预拌混凝土生产能力将力争达到 3 亿 $m^3$,预拌混凝土占混凝土浇筑总量的比例达到 20%,其中大中城市要达到 50% 以上;直辖市、省会城市、沿海开放城市和旅游城市将积极发展预拌混凝土,从 2003 年 12 月 31 日起,禁止在城区现场搅拌混凝土;其他城市 2005 年 12 月 31 日起,禁止在城区现场搅拌混凝土。2004 年,商务部等五部两局颁布的《散装水泥管理办法》中规定:"县级以上地方人民政府有关部门应当鼓励发展预拌混凝土和干混砂浆,根据实际情况限期禁止城市市区现场搅拌混凝土"。国家发展商品混凝土政策的力度加大,对我国商品混凝土发展的提速必然会发挥积极的作用。

#### 6.5.1.2 商品混凝土技术的经济效益

北京、上海、常州、天津等商品混凝土搅拌站的经营统计资料分析表明,与现场搅拌混凝土比较,使用商品混凝土可获得如下经济效益:

(1) 建筑施工单位用工降低,劳动生产率提高。
(2) 节约原材料:测算和分析表明,应用商品混凝土可节约水泥 8%,节约砂石 12% 左右。水泥包装袋费用节约,现场临时水电及设施费。
(3) 促进机械化、自动化水平的提高,大大提高设备利用率。
(4) 提高混凝土质量,延长工程使用寿命。
(5) 加快施工进度,提前发挥投资效果。
(6) 促进水泥工业和混凝土新技术发展及其建筑工业化的发展。

#### 6.5.1.3 环境效益

当今社会,环保问题已成为一个十分重要的问题,环保问题已严重威胁着人类的生存和健康。应用商品混凝土环境效益十分显著。首先它不需要在现场堆放材料及中转材料,避免了城市的脏、乱、差现象;其次,从根本上消除噪声、粉尘、污水等污染,改善了市民工作、居住环境。

### 6.5.2 商品砂浆

在一般工业和民用建筑中,建筑砂浆是一种量大面广的建筑材料,在砌筑工程和粉刷工程得到了广泛的应用。商品砂浆是建筑业发展到一定阶段的必然产物。

商品砂浆分为预拌砂浆和干混砂浆两大类。预拌砂浆也是在搅拌站集中生产,按要求运送到工地。干混砂浆是指在工厂经干燥筛分处理的砂与水泥、矿物掺合料以及保水增稠等外加剂按一定比例混合而成的固态混合物,在施工现场按规定比例加入水或配套液体拌合使用。

干混砂浆分为普通砂浆和特种两类，普通干混砂浆主要用于地面、抹灰和砌筑工程；特种干混砂浆有装饰砂浆、地面自流平砂浆、瓷砖粘结砂浆、抹面抗裂砂浆和修补砂浆等。

（1）我国商品砂浆的发展概况

我国从20世纪80年代开始研究商品砂浆技术，直到21世纪以来，随着国家相关政策的推动，国外先进理念和先进技术的引进，我国商品砂浆生产开始呈现蓬勃发展的局面，特别是干混砂浆行业进入一个快速发展的时期。

在政府方面，1999年国家建材局发布了《新型建材制品导向目录》，就把干混砂浆作为重点发展的鼓励项目。2004年，建设部公告《推广应用和限制使用技术》，推广应用商品砂浆。2006年，国家发改委下发了《关于加快水泥工业结构调整的若干意见》，大力发展商品砂浆和商品混凝土，在条件成熟的地区应限制现场搅拌砂浆。

（2）商品砂浆的经济效益和社会效益

按照目前的情况计算，每生产1t商品砂浆可节约水泥0.043t、石灰0.034t、砂0.05t、利用粉煤灰0.085t。按水泥和石灰的生产能耗计算，可节约标准煤0.017t、减少二氧化碳排放0.115t（包括石灰石分解所产生的二氧化碳）。如扣除烘干砂浆所需0.0085t标准煤，可节约标准煤0.009t，减少二氧化碳排放0.099t。

## 6.6 节约型管理评价体系

### 6.6.1 节约型管理指标体系的建立

评价体系是指根据管理的成果来推测项目管理水平的行为，它经过评价各指标的合理性和效益水平来实现目的。

由于施工过程的复杂性，涉及的人员、机械、材料等较多，施工管理体系受组织、人力及管理等众多因素的影响，为满足科学性和合理性的要求，采用定性评价和定量评价相结合的模糊综合评价方法，使评标方法在综合性、合理性、科学性等方面得到了改进，为施工管理评价提供了依据。

节约型施工现场管理指标体系的内容主要包括管理模式指标、节约资源指标、科技支持指标及环境支持指标。胡琼辉等人通过对节约型施工现场管理体系组织结构、技术措施等的研究，构建了节约型施工现场管理的指标体系和评价体系框架。该体系的层次结构模型由1个综合指数、4个一级指标、14二级指标及61个三级指标所组成，如图6-4所示，并在此基础上建立了评价体系，如表6-1所示。

（1）综合管理能力指标

管理模式指标是指根据特定的工程背景和自身情况，评价施工现场制度管理流程、组织结构、责任体系、教育培训指标、信息管理，它通过直接或间接的人力资源管理，达到综合节约劳动成本和管理成本。

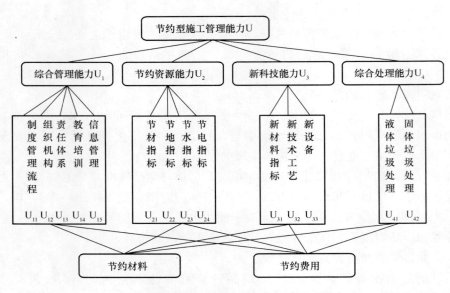

图 6-4 节约型施工管理层次结构模型

**综合管理指标体系**　　表 6-1

| 一级指标 | 二级指标 | 三级指标 | 一级指标 | 二级指标 | 三级指标 |
|---|---|---|---|---|---|
| 综合管理能力指标 $U_1$ | 制度管理流程 $U_{11}$ | 节约施工管理制度 $U_{111}$ | 节约资源指标 $U_2$ | 节材指标 $U_{21}$ | 钢筋及加工 $U_{216}$ |
| | | 节约管理施工流程 $U_{112}$ | | | 模板 $U_{217}$ |
| | | 信息管理流程 $U_{113}$ | | | 脚手架 $U_{218}$ |
| | 组织结构 $U_{12}$ | 组织机构合理程度 $U_{121}$ | | | 散装水泥 $U_{219}$ |
| | | 管理人员配备 $U_{122}$ | | 节地指标 $U_{22}$ | 施工平面图布置 $U_{221}$ |
| | | 劳务人员配备 $U_{123}$ | | | 材料、垃圾堆放 $U_{222}$ |
| | | 决策失误 $U_{124}$ | | | 土方调配 $U_{223}$ |
| | | 违规 $U_{125}$ | | | 环境影响 $U_{224}$ |
| | 责任体系 $U_{13}$ | 责任落实 $U_{131}$ | | 节水指标 $U_{23}$ | 综合控制 $U_{231}$ |
| | 教育培训指标 $U_{14}$ | 节约宣传 $U_{141}$ | | | 用水量 $U_{232}$ |
| | | 安全事故 $U_{142}$ | | | 用水管理 $U_{233}$ |
| | | 节约习惯 $U_{143}$ | | | 回收用水 $U_{234}$ |
| | | 设备选型 $U_{144}$ | | 节电指标 $U_{24}$ | 用电量 $U_{241}$ |
| | 信息管理 $U_{15}$ | 计算机软件 $U_{151}$ | | | 节电设备 $U_{242}$ |
| | | 自动化控制技术 $U_{152}$ | | | 减少线路损耗 $U_{243}$ |
| 节约资源指标 $U_2$ | 节材指标 $U_{21}$ | 材料管理 $U_{211}$ | | | 提高功率因素 $U_{244}$ |
| | | 节材技术 $U_{212}$ | | | 用电管理 $U_{245}$ |
| | | 清水混凝土 $U_{213}$ | 新科技指标 $U_3$ | 新材料指标 $U_{31}$ | 新型墙材 $U_{311}$ |
| | | 商品混凝土 $U_{214}$ | | | 保温隔热材料 $U_{312}$ |
| | | 商品砂浆 $U_{215}$ | | | 防水密封材料 $U_{313}$ |

续表

| 一级指标 | 二级指标 | 三级指标 | 一级指标 | 二级指标 | 三级指标 |
|---|---|---|---|---|---|
| 新科技指标 $U_3$ | 新材料指标 $U_{31}$ | 高强钢筋 $U_{314}$ | 新科技指标 $U_3$ | 新技术新工艺指标 $U_{32}$ | 信息化及工具类技术 $U_{328}$ |
| | | 高性能混凝土 $U_{315}$ | | | 其他技术及工艺 $U_{329}$ |
| | | 新型模板 $U_{316}$ | | 新设备指标 $U_{33}$ | 土方设备 $U_{331}$ |
| | | 外加剂 $U_{317}$ | | | 测量设备 $U_{332}$ |
| | 新技术新工艺指标 $U_{32}$ | 基础及地下空间技术 $U_{321}$ | | | 节能设备 $U_{333}$ |
| | | 混凝土相关技术 $U_{322}$ | | | 其他设备 $U_{334}$ |
| | | 钢筋及预应力技术 $U_{323}$ | 综合处理指标 $U_4$ | 固体垃圾处理指标 $U_{41}$ | 材料回收 $U_{411}$ |
| | | 模板及脚手架技术 $U_{324}$ | | | 材料处理 $U_{412}$ |
| | | 安装技术 $U_{325}$ | | 液体垃圾处理指标 $U_{42}$ | 水回用 $U_{421}$ |
| | | 节能环保技术 $U_{326}$ | | | 污废水处理 $U_{422}$ |
| | | 监测及控制技术 $U_{327}$ | | | |

(2) 节约资源管理指标

节约资源指标是指在考虑在节约原材料、土地和半成品等社会资源的情况下，用于施工现场的节约工程成本的一种指标，它包括节材指标、节地指标、节水指标、节电指标。

(3) 新科技管理指标

科技支持指标是指在新科技和新方法的推动下产生的一种指标。指标内容包括新材料指标、新技术新工艺指标及新设备指标。

(4) 综合处理能力指标

建设节约型施工现场在需要在稳定的生态环境下进行，所以设立固体、液体处理指标。

### 6.6.2 节约型管理模糊综合评价模型

1. 评价模型概况

(1) 评价对象

指参与施工管理及施工过程的所有管理人员和执行人员。

(2) 评价内容

指由管理层对各执行层下达节约费用、节约项次等指令性指标，根据部门工作职责，明确具体岗位工作目标和责任。

(3) 评价方式

采用定性评价和定量评价相结合的方式。

(4) 评价目的

1) 辅助制定施工方案

通过评价模型的建立，整体把握施工现场资源的利用和节约，预测节约资源的重要内容。

2) 指导施工过程

通过局部评价，有力地鞭策各管理层和执行层顺利完成预定的目标任务，实现成本减少、资源节约的目的。

3）评价已完工程

通过整体评价已完工程的技术措施和方法，为下一个工程提供经验。

2. 评价模型流程

模糊评价模型是借助模糊数学的一些概念，应用模糊关系合成的原理，将一些边界不清、不易定量的因素定量化，而进行综合评价的一种方法。它通过构造等级模糊子集，把反映被评事物的模糊指标进行量化（确定隶属度），然后利用模糊变换原理对各指标进行综合。

模糊综合评价法（Fuzzy Comprehensive Evaluation Method，FCEM），是应用模糊变换原理，考虑与评价对象相关的各种因素，对其所作的综合评价。层次分析法（The Analytic Hierarchy Process，AHP），是指将决策问题的有关元素分解成目标、准则、方案等层次，在此基础上，进行定性分析和定量分析的一种决策方法。

模糊综合评价模型建立过程如下：

（1）建立评价的因素集

将影响施工节约型施工管理体系因素的列出，然后逐层建立因素集。

（2）建立评语集

对该体系而言，评价集可取非常节约、比较节约、一般节约、不节约，根据具体情况选出最切实际、最合理的一项，作为评价结果。

（3）确定权重因素向量

确定权重 A 的方法有两种：一种是专家评分法，这种方法主观性很强，容易受外部因素的影响而影响评价结果；另一种是用层次分析法（AHP），这种方法相对之下比较复杂，但较能公正、客观地评价。

（4）计算各层的模糊评价结果

1）根据各指标因素层的计算，可得到各单因素的评价结果；

2）同理，各因素层评价结果构成模糊评判矩阵，与上一层指标权重耦合，得到准则层评价结果；

3）同理，对组成节约型管理体系的 4 大指标与评分结果进行综合评价，得到参照评语集，根据最大隶属度原则，确定最终评价结果。选评语集中最大值，该值对应的评价等级为该项目施工现场管理体系的节约型综合评价等级。

**参考文献**

[1] 北京第一建筑工程公司料具处编. 建筑施工企业材料管理实用手册 [M]. 北京：中国建筑工业出版社，1988.

[2] 刘金昌，李忠富，杨晓林主编. 建筑施工组织与现代管理 [M]. 北京：中国建筑工业出版社，1996.

[3] 顾春雷主编. 建筑施工现场标准化管理手册 [M]. 北京：中国建筑工业出版社，2003.

[4] 邓学才编著. 建筑工程施工组织设计的编制与实施 [M]. 北京：中国建材工业出版社，2006.

[5] 彭尚银等主编. 施工组织设计编制 [M]. 北京：中国建筑工业出版社，2006.

[6] 田斌守，章岩，杨树新，李玉玺. 节能 65% 目标与自保温混凝土砌块 [J]. 混凝土与水泥制品，2008，(1).

[7] 王培铭，张承志主编. 商品砂浆的研究进展 [M]. 北京：机械工业出版社，2007.

[8] 陈巍林，邵海根. 论现代建筑施工材料管理 [J]. 现代商贸工业，2009，21 (12).

[9] 胡琼辉. 节约型施工现场管理体系研究与应用 [D]. 重庆：重庆大学，2009.

# 第7章 建筑垃圾再生集料的应用

我国是人口大国,建筑业关系到国计民生,满足人们起居、办公、购物、休闲娱乐、运动、集会等需要的各种功能的建筑物自然是量大面广,从而产生的建筑垃圾量惊人。要花费大量的社会资源对其进行处理,并且带来搬运、堆存占地、环境污染等一系列问题。因此,科学合理地对其进行处理不仅有着显著的经济效益,更重要的是有着重大的社会效益和环保效益。

## 7.1 建筑垃圾概述

自20世纪90年代以来,我国进入了高速发展的时期,建筑业是社会经济发展主要的指标之一,建设规模和城市面貌是一个地方是否发达的第一印象,也是人们认知一个地方的感性指标。这是我们看得见的正面形象,随之而来的是不易看见的负面的东西,许多城市都出现了垃圾包围城市的现象,其中相当大一部分为建筑垃圾。建筑垃圾中相当大的一部分是废弃的混凝土,约占建筑垃圾的30%~40%。据有关资料显示,仅上海市每天新增6万t建筑垃圾,一年下来就是600~800万t废弃混凝土;南京仅2004年旧建筑解体就产生数百万吨建筑垃圾;香港每年约产生建筑垃圾近1300万t,每年约产生废混凝土390~520万t;而台湾每年拆除和新建建筑产生建筑垃圾500~1000万$m^3$,其中废混凝土占28%,废砖占25%。仅2004年,全国就产生建筑垃圾约60亿t,这就意味着每年全国产生废弃混凝土约18~24亿t。并且随着建筑业和公路交通的迅猛发展,预计今后混凝土碎块的产生量将增多,并呈逐年上升的趋势。如此巨大的废弃混凝土若作为垃圾排放,直接运往郊外或乡村采用露天堆放或填埋的方式进行处理,一方面要耗费巨大的运费和垃圾处理费用,还需要占用大量的空地存放,浪费土地;同时,清运、堆存和堆放过程中的遗撒和粉尘、灰砂飞扬等问题又会造成严重的环境污染,更加严重的还会造成水体污染、土壤污染和空气污染等。

### 7.1.1 建筑垃圾分类与组成

根据《城市建筑垃圾和工程渣土管理规定(修订稿)》,建筑垃圾是指建设、施工单位或个人对各类建筑物、构筑物等进行建设、拆迁、修缮及居民装饰房屋过程中所产生的余泥、余渣、泥浆及其他废弃物。建筑垃圾大多为固体废弃物,一般由4种途径产生:第一种是在新建建筑的建设过程中产生的;第二种是旧建筑物、构筑物维修、拆除过程中产生的;第三种是非正常方式产生的,如地震、海啸、台风等自然灾害破坏建筑物导致建筑物失去使用功能而造成大量的建筑垃圾;第四种是建材生产垃圾。

**1. 建设过程产生的垃圾**

建设过程中产生的建筑垃圾主要是土地开挖垃圾、道路开挖垃圾、施工垃圾等,主要由土、渣土、散落的砂浆和混凝土、剔凿产生的砖石和混凝土碎块、打桩截下的钢筋混凝土桩头、金属、竹木材、装饰装修产生的废料、各种包装材料和其他废弃物等组成。据陆凯安对砖混结构、全现浇结构和框架结构等建筑的施工材料损耗的统计研究,在每万平方米建筑的施工过程中,仅建筑废渣就会产生 500~600t。也有资料表明,我国每年仅施工建设所产生和排出的建筑废渣达 4000 万 t。据刘数华研究的施工垃圾组成及产生量结果如表 7-1 所示。

施工垃圾组成  表 7-1

| 垃圾组成 | 施工垃圾组成比例(%) | | | 占材料购买量的比例(%) |
| --- | --- | --- | --- | --- |
| | 砖混结构 | 框架结构 | 框架剪力墙结构 | |
| 碎砖(碎砌块) | 30~50 | 15~30 | 10~20 | 3~12 |
| 砂浆 | 8~15 | 10~20 | 10~20 | 5~10 |
| 混凝土 | 8~15 | 15~30 | 15~35 | 1~4 |
| 桩头 | — | 8~15 | 8~20 | 5~15 |
| 包装材料 | 5~15 | 5~20 | 10~20 | — |
| 屋面材料 | 2~5 | 2~5 | 2~5 | 3~8 |
| 钢材 | 1~5 | 2~8 | 2~8 | 2~8 |
| 木材 | 1~5 | 1~5 | 1~5 | 5~8 |
| 其他 | 10~20 | 10~20 | 10~20 | |
| 单位建筑面积产生施工垃圾量(kg/m²) | 50~200 | 45~150 | 40~150 | — |

2. 拆除建筑产生的垃圾

旧建筑物、构筑物维修拆除过程中产生的建筑垃圾随原有建筑物、构筑物的结构组成材料而异,如早期的建筑物主要是砖混建筑,拆除的建筑垃圾主要是砖、灰土、砂浆块和素混凝土块;后期的建筑物以框架结构为主,拆除时产生的建筑垃圾主要是砂浆块、灰土、填充墙的废料、钢筋混凝土块;公路等构筑物拆除产生的建筑垃圾主要是混凝土块。拆除建筑物产生的建筑垃圾量目前尚无具体的计算依据,住房和城乡建设部给出了一个经验值:城镇地区砖混和框架结构的建筑物,建筑垃圾产生量约为 1.0~1.5t/m²;其他木质和钢结构的建筑物,产生量约为 0.5~1.0t/m²;农村地区建筑垃圾产生量参照上述数据的低限。刘数华研究的拆除垃圾和施工垃圾组成比例如表 7-2 所示

建筑垃圾组成比例(%)  表 7-2

| 垃圾成分 | 拆除垃圾 | 施工垃圾 | 垃圾成分 | 拆除垃圾 | 施工垃圾 |
| --- | --- | --- | --- | --- | --- |
| 沥青 | 1.61 | 0.13 | 玻璃 | 0.20 | 0.56 |
| 混凝土 | 19.89 | 9.27 | 其他有机物 | 1.30 | 3.05 |
| 钢筋混凝土 | 33.11 | 8.25 | 塑料管 | 0.61 | 1.13 |
| 泥土 | 11.91 | 30.56 | 砂 | 1.44 | 1.70 |
| 岩石 | 6.83 | 9.74 | 树木 | 0.00 | 0.12 |
| 碎石 | 4.95 | 14.13 | 固定装置 | 0.04 | 0.03 |
| 木料 | 7.15 | 10.53 | 缆绳 | 0.07 | 0.24 |
| 竹子 | 0.31 | 0.30 | 金属 | 3.41 | 4.36 |
| 块状混凝土 | 1.11 | 0.90 | 总计 | 100.00 | 100.00 |
| 砖 | 6.33 | 5.00 | | | |

唐沛、杨平依据建设规模计算的建筑垃圾产生量为：根据住房和城乡建设部提供的数据，2003年、2004年、2005年全国施工面积分别为25.9亿$m^2$、29.2亿$m^2$和34.9亿$m^2$，近3年来全国每年所产生的建筑垃圾的总量接近1.8亿t。假设每年拆除的建筑物的总面积仅占每年建筑施工面积的10%，那么最近3年每年产生的建筑垃圾总量将为4.8亿t。并根据现在的数据按线性回归的方法预测在未来10年里，全国建筑垃圾产生总量平均每年将达到13亿t，如图7-1所示。到2010年，我国城镇有1/2的房子是20世纪建造的，意味着这些超龄房屋将被拆除重建，随之产生的建筑垃圾数量是惊人的。

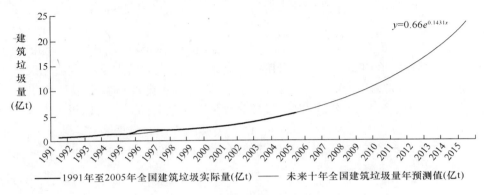

图7-1 全国每年建筑垃圾量预测图

3. 自然灾害产生的垃圾

自然灾害造成的建筑垃圾比较复杂，根据灾害程度和当地社会经济发展状况及建筑物具体情况而异，与第二种建筑垃圾不同。在第二种建筑垃圾产生时，由于房屋拆迁或修缮过程都是人为的、有计划地进行，建筑垃圾的产生、分类、搬运等工作有目的、有步骤地完成，但灾害产生的建筑垃圾种类和数量不可预见。严重的灾害有可能在短时间内产生巨量建筑垃圾。如台湾"9·21"大地震约产生废弃混凝土1000万$m^3$。"5·12"四川汶川8.0级特大地震造成倒塌房屋530多万间，由此产生的建筑垃圾约3亿t，有可能超过5000万$m^3$。住房和城乡建设部专家委员会环境卫生专家、中国城市建设研究院总工程师徐海云指出，堆放地震后的建筑垃圾需要大量土地，每10万$m^3$的建筑垃圾至少需要6万$m^2$的堆放场地，一般临时建筑垃圾堆放场地高度在3m左右，堆放场地还需要留有5%以上的面积用作道路、缓冲区以堆放分拣的其他垃圾等。简单的处理方法对土地、人力资源的消耗十分巨大，运输成本高。因此，震后建筑垃圾资源化利用，是一个新的课题，也是一个挑战。

4. 建材生产垃圾

建材生产垃圾是指为生产各种建筑材料所产生的废料、废渣，也包括建材成品在加工和搬运过程中所产生的碎块、碎片等。常见的典型例子是生产混凝土过程中的余料和因质量问题废弃的混凝土，平均每生产100$m^3$混凝土约产生1~1.5$m^3$的废弃混凝土。

### 7.1.2 建筑垃圾处理原则

建筑垃圾处理依据的基本原则是《中华人民共和国固体废物污染环境防治法》确立的我国固体废物污染防治的"三化"原则，即"减量化、资源化、无害化"原则。减量化是指减少建筑垃圾的产生量和排放量，从源头上全面控制建筑垃圾的数量、体积、种类、有害物质，它要求减少建筑垃圾的数量和体积，尽可能地减少其种类、降低其有害成分的浓度、减轻或消除其危害性等。资源化是指采取技术和管理措施从建筑垃圾中回收有用的物质和能源，它包括物质回收、物质转换、能量回收。具体措施是指从建筑垃圾中回收塑料、废金属料、废竹木、废纸板等二次物质；利用建筑垃圾制取其他用途的材料，如利用废混凝土块做再生混凝土的集料、利用废屋面沥青料做沥青道路的铺筑材料等；利用建筑垃圾回收能量生产热能或电能，如利用建筑垃圾中的废塑料、废纸板、废竹木的焚烧处理回收热量或进一步发电等；无害化是指通过各种技术方法对建筑垃圾进行处理，使其不损害人体健康，对周围环境不产生污染。

目前最有潜力、最有效的建筑垃圾处理措施是资源化利用，把能用的全部提取利用是减少建筑垃圾存量的迫切要求。其中常用的、处理量大的方法是做再生混凝土及集料。建筑垃圾应用的第一道工序是分类，其中的一部分质地比较硬的材料可以作为集料循环利用。利用建筑垃圾中混凝土及砖石砌体残骸碎片经过一系列的处理可以得到作为混凝土集料使用的循环再生集料（简称再生集料）。据有关文献介绍，欧盟各国、美国、日本每年混凝土废料超过3.6亿t，对混凝土和钢筋混凝土废料再加工得到的再生集料能耗比开采天然碎石要低7倍，可降低成本25%。

## 7.2 建筑垃圾再生集料应用现状

### 7.2.1 建筑垃圾处理现状

目前，我国绝大部分建筑垃圾在没有分类的情况下就直接运往垃圾填埋场进行处理和堆存，建筑垃圾的总量不断增长，而填埋场的面积是有限的，这种以填埋为主的处理方式显然不能从根本上解决我国日益严峻的建筑垃圾问题。可喜的是，我国从政策层面和技术研究层面都开展了建筑垃圾的综合利用工作，全国人大于1995年11月通过了《城市固体垃圾处理法》，要求产生垃圾的部门必须交纳垃圾处理费。2005年6月1日，建设部颁布了《城市建筑垃圾管理规定》，标志着我国建筑垃圾处理已步入规范管理的轨道。部分大、中城市根据管理的实际需要，相继颁布了建筑垃圾或工程渣土管理规定；初步建立了建筑垃圾申报及审批制度，收运车辆也得以初步规范化。少数城市还建设了建筑垃圾资源化处理厂和建筑垃圾填埋场等消纳设施。一些高校和研究机构立项研究怎样根本性解决处理建筑垃圾的问题，并探索新的应用领域。北京、上海、深圳、邯郸等国内较发达城市在建筑垃圾处理方面走在全国前列，其经验可以供其他地方借鉴。

### 7.2.2 灾后建筑垃圾的应用

地震产生的建筑垃圾的处理是个特殊情况，其积聚量大、占地很大、影响重建，处理难度很大，处理时间紧迫。灾民要在最短的时间内重建家园，进入正常的生活，故既没有充分的空间也没有充分的时间对建筑垃圾进行搬运转移分类处理，尤其对于原地重建的地方，情况更为严峻。针对这种情况，为了指导灾后建筑垃圾处理和重建工作科学有效地进行，住房和城乡建设部出台了《地震灾区建筑垃圾处理技术导则》，提出了适用于灾后重建的建筑垃圾资源化利用方式，其中重点突出了"资源化再利用"的理念，分门别类、最大限度地在重建中利用灾后产生的建筑垃圾。

（1）利用废弃混凝土和废弃砖石生产粗细集料，可用于生产相应强度等级的混凝土、砂浆或制备诸如砌块、墙板、地砖等建材制品。粗细集料添加固化类材料后，也可用于公路路面基层。

（2）利用废砖瓦生产集料，可用于生产再生砖、砌块、墙板、地砖等建材制品。

（3）渣土可用于筑路施工、桩基填料、地基基础等。

（4）对于废弃木材类建筑垃圾，尚未明显破坏的木材可以直接再用于重建建筑，破损严重的木质构件可作为木质再生板材的原材料或造纸等。

（5）废弃路面沥青混合料可按适当比例直接用于再生沥青混凝土。

（6）废弃道路混凝土可加工成再生集料用于配制再生混凝土。

（7）废钢材、废钢筋及其他废金属材料可直接再利用或回炉加工。

（8）废玻璃、废塑料、废陶瓷等建筑垃圾视情况区别利用。

### 7.2.3 再生集料的应用

1. 再生集料生产流程

综上所述，由于建筑垃圾成分较复杂，有砖石碎块、钢筋混凝土、铁件、木料、塑料、纸板、电缆和泥沙等多种成分，其中砖石砌体碎块、混凝土碎块占大多数，也是可资源化循环再生集料的材料。对这部分建筑垃圾的应用通常分三步：第一步是对建筑垃圾分选，选出能够用作再生集料的部分，如混凝土块等；第二步是对选出的混凝土块等进行破碎、筛分、洁净化的技术处理；第三步是要研究再生集料的成分、构造，根据不同用途，进行改性的强化处理，提高再生集料的强度。再生集料是指废混凝土经破碎加工后所得粒径在40mm以下的集料，又分再生粗集料和再生细集料，粒径在0.5～5mm的集料为再生细集料，粒径在5～40mm的集料为再生粗集料。不同的国家和地区根据各自的特点有不同的再生集料生产工艺，俄罗斯、德国、日本都形成了比较成熟的处理设备和生产工艺。我国大陆和台湾地区也有几种生产工艺，下面是两种较典型的生产工艺。李惠强等研究的建筑垃圾循环生产再生集料的工艺如图7-2所示，日本再生集料生产流程如图7-3所示，图中集料的处理过程更具体，集料分级也更细。

2. 再生集料的应用领域

再生集料主要的用途是配制再生混凝土。再生集料混凝土简称再生混凝土，是指利用废混凝土破碎加工而成的再生集料部分或全部代替天然集料配制而成的混凝土。王智威根据工业生态原理通过源头控制、建立再生集料产业链及向自然生态系统的回归，在施工或建设单位、区域和自然生态系统3个不同层面上分别建立了城市废弃混凝土利用的小循环、中循环和大循环产业链，为一体化解决废弃混凝土问题提供了新思路。并提出了再生集料循环应用的概念图，如图7-4所示，其中混凝土垫层和制品已经初步实现了产业化运行。

再生混凝土有几大应用领域：

（1）填充材料：地基加固、道路工程基础下垫层，素混凝土垫层，道路面层、室内地坪及地坪垫层等。

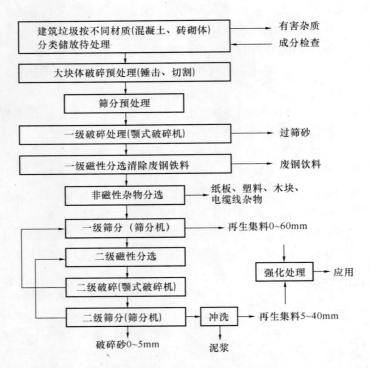

图 7-2 李惠强等建议的建筑垃圾循环再生集料工艺流程

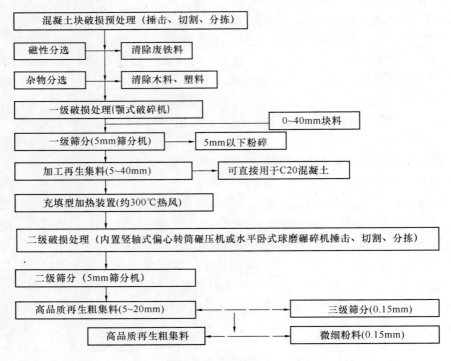

图 7-3 日本再生集料生产流程图

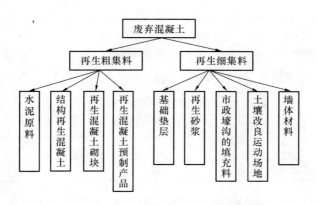

图 7-4　王智威建议的废弃混凝土产业链

(2) 结构材料：用在钢筋混凝土结构工程中的再生集料混凝土。
(3) 混凝土制品：非承重混凝土空心砌块、混凝土空心隔墙板、蒸压粉煤灰砖等。

## 7.3　再生集料标准体系建设

由于建筑工程关系到人民的生命财产安全，所以建筑工程的质量安全是建筑业的第一要务，因此再生集料在混凝土中应用时必须有科学的技术标准和规范，使用时从业各方严格执行标准才能保证工程质量。

### 7.3.1　国外再生混凝土粗集料分级方法

由于国外再生集料研究应用较早，美国、日本和欧洲等发达国家对再生混凝土粗集料分级方法的研究已取得初步成果，并相继颁布了再生粗集料质量标准和技术规程，促进了废弃混凝土的回收利用。

再生粗集料的评价指标主要有如下内容：表观密度、压碎指标、氯化物含量、冲击值、砖含量、集料来源、吸水率、针片状颗粒含量、硫酸盐含量、再生粗集料掺量、有机物含量等。下面是北京工业大学李爽、张金喜等综述的国外再生集料标准情况。

(1) RILEM（国际材料与结构研究实验室联合会）于 1998 年颁布新版再生混凝土规范：通过测试其表观密度、吸水率和有机物含量来划分再生粗集料的等级，其各项性能要求如表 7-3 所示。

**RILEM 对再生粗集料的分级方法**　　　表 7-3

| 等级 | Ⅰ级 | Ⅱ级 | Ⅲ级 |
| --- | --- | --- | --- |
| 表观密度（kg/m³） | ≥2400 | ≥2000 | ≥1500 |
| 表观密度<2200kg/m³ 的颗粒含量（%） | ≤10 | ≤10 | — |
| 表观密度<1800kg/m³ 的颗粒含量（%） | ≤1.0 | ≤1.0 | ≤10 |
| 表观密度<1000kg/m³ 的颗粒含量（%） | ≤0.5 | ≤0.5 | ≤1.0 |
| 吸水率（%） | ≤3.0 | ≤10 | ≤20 |
| 有机物含量（%） | ≤0.5 | ≤0.5 | ≤1.0 |

(2) 日本于 1977 年、1991 先后制定了《再生集料和再生混凝土使用规范》和《资源重新利用促进法》,规定建筑施工过程中产生的混凝土块、沥青混凝土块、渣土、木材、金属等建筑垃圾,必须进行再资源化处理。并于 1994 年颁布《再生混凝土材料质量试行条例》,按吸水率和压碎值给出再生集料的评价和分级指标,如表 7-4 所示。

日本再生粗集料的分级方法　　　　　　　　　　　　　　　　　表 7-4

| 等　级 | I 级 | II 级 | III 级 |
| --- | --- | --- | --- |
| 吸水率(%) | <3 | <3 或<5 | <7 |
| 压碎指标(%) | <12 | <20 或<12 | |

(3) BS（英国标准）和 ASTM（美国标准）中从密度、吸水率、颗粒形状、冲击值、化学成分等内容对应用于不同工程中再生粗集料的评价指标的极值做出了规定,如表 7-5 所示。

BS 和 ASTM 对应用于不同工程中再生粗集料评价指标的要求　　　　表 7-5

| 项　目 | 结构物 | 次级结构物 | 非结构物 | 预应力混凝土 | 路面 | 路基 | 路堤 | 绝缘障碍物 |
| --- | --- | --- | --- | --- | --- | --- | --- | --- |
| 最低表观密度(kg/m³) | 2000 | 2000 | 2000 | 2000 | 2000 | 2000 | 2000 | 2000 |
| 最大吸水率(%) | 10 | 10 | 10 | 10 | 10 | 10 | 10 | 10 |
| 最大针片状颗粒含量(%) | 40 | 40 | 40 | 40 | 40 | 40 | 40 | 40 |
| 最大冲击值(%) | 25 | 30 | 35 | 25 | 30 | 35 | 35 | 30 |
| 最大氯化物含量(%) | 0.050 | 0.050 | 1.000 | 0.015 | 0.050 | 0.050 | 0.050 | 0.050 |
| 最大硫酸盐含量(%) | 1 | 1 | 1 | 1 | 1 | 1 | 1 | 1 |

(4) Vivian W Y Tam 和 Tam C M 提出了以表观密度、吸水率、针片状颗粒含量、冲击值、氯化物含量和硫酸盐含量作为评价指标,将再生粗集料分为 7 个等级,并与天然集料配制混凝土进行了对比验证,结果表明,这种分级方法能够很好地评价再生粗集料的基本性能并对其进行分级,如表 7-6 所示。

再生粗集料的分级方法　　　　　　　　　　　　　　　　　表 7-6

| 等　级 | A | B | C | D | E | F | G |
| --- | --- | --- | --- | --- | --- | --- | --- |
| 表观密度(kg/m³) | ≥2500 | 2490~2400 | 2390~2300 | 2290~2200 | 2190~2100 | 2090~2000 | ≤2000 |
| 吸水率(%) | ≤1.0 | 1.1~3.0 | 3.1~5.0 | 5.1~7.0 | 7.1~9.0 | 9.1~9.9 | ≥10.0 |
| 针片状颗粒含量(%) | ≤8 | 9~16 | 17~22 | 23~28 | 29~34 | 35~39 | ≥40 |
| 冲击值(%) | ≤20 | 21~23 | 24~26 | 27~28 | 29~31 | 32~35 | ≥35 |
| 氯化物含量(%) | ≤0.015 | 0.016~0.030 | 0.031~0.050 | 0.051~0.100 | 0.101~0.500 | 0.501~1.000 | ≥1.000 |
| 硫酸盐含量(%) | ≤0.015 | 0.016~0.030 | 0.031~0.050 | 0.051~0.100 | 0.101~0.500 | 0.501~1.000 | ≥1.000 |

综上所述,目前只有少数发达国家制定了指导实际工程应用的再生粗集料分级方法,而大部分国家都还处在研究的初级阶段,只提出了一些评价再生粗集料的指标,还没有形成系统的再生粗集料分级和应用方法。

### 7.3.2 我国再生混凝土粗集料分级方法的研究进展

#### 1. 再生粗集料的基本技术指标

我国针对再生集料混凝土的研究工作起步较晚，于20世纪90年代开始对废弃混凝土的再生利用进行初步探讨，研究基础比较薄弱。随着建筑垃圾的排放堆存问题逐渐凸显，在建设节约性社会、资源综合利用等大政方针指导发展的大环境下，建筑垃圾、废弃混凝土等废弃物引起政府部门的关注，并加大了政策和资金支持力度。1997年，建设部将"建筑废渣综合利用"列入科技成果重点推广项目后，国内相关专业领域的高校和研究机构的一些专家、学者掀起了对废弃混凝土再生利用的研究热潮。

#### 2. 目前我国再生粗集料分级方法

我国学者虽然对再生粗集料的基本性能展开了大量研究，但我国还没有统一的再生粗集料评价指标和分级方法，只有少数学者以表观密度、吸水率和压碎值作为再生粗集料的评价指标对其进行分级，提出了一些建议的质量标准和分级方法，大致可归纳为3类，可以简称为同济方法、清华方法和青岛理工方法。

(1) 同济方法

同济大学结合试验并参考国外标准提出评价再生粗集料的质量标准和分级方法，通过对再生混凝土多年的试验研究，并参考国外标准提出了再生粗集料的质量要求和分级方法，如表7-7和表7-8所示。

再生粗集料的质量要求　　　　　表7-7

| 项 目 | 要求 | 项 目 | 要求 |
|---|---|---|---|
| 针片状颗粒（%） | ≤15 | 硫化物及硫酸盐含量（%） | ≤1.0 |
| 压碎指标（%） | ≤30 | 氯化物含量（%） | ≤0.25 |
| 含泥量（%） | ≤4.0 | 有机质含量（%） | ≤0.25 |
| 泥块含量（%） | ≤0.7 | 金属、塑料、沥青、木材、玻璃等杂质含量/（%） | ≤1.0 |
| 坚固性（质量损失）（%） | ≤18 | | |

再生粗集料的分级　　　　　表7-8

| 等级 | Ⅰ级 | Ⅱ级 |
|---|---|---|
| 表观密度（kg/m³） | ≥2400 | ≥2200 |
| 吸水率（%） | ≤7 | ≤10 |
| 砖类含量（%） | ≤5 | ≤10 |

(2) 清华方法

清华大学参考日本标准和我国现行的天然砂石标准《建筑用砂》GB/T 14684—2001、《建筑用卵石、碎石》GB/T 14685—2001，以吸水率和压碎指标作为主要评价指标，将再生粗集料划分为3个等级，如表7-9所示。

再生粗集料的质量标准　　　　　表7-9

| 等级 | Ⅰ级 | Ⅱ级 | Ⅲ级 |
|---|---|---|---|
| 吸水率（%） | <3 | <5 | <7 |
| 压碎指标（%） | <10 | <20 | <30 |

(3) 青岛理工方法

青岛理工大学通过对再生粗集料与天然粗集料制备的混凝土工作性和强度的试验研究，首次提出了需水量比和强度比 2 项指标，并基于这 2 项指标将再生粗集料分成 3 个等级，以保证再生混凝土满足在不同领域应用的性能要求，如表 7-10 所示。

建议的再生粗集料分类与质量要求　　　表 7-10

| 等　　级 | Ⅰ 级 | Ⅱ 级 | Ⅲ 级 |
| --- | --- | --- | --- |
| 需水量比（%） | ≤105 | ≤110 | ≤115 |
| 强度比（%） | ≥95 | ≥85 | ≥75 |
| 可应用领域 | 制备各种混凝土 | C30 以下混凝土 | 低品质混凝土，如垫层、非承重砌块等 |

注：再生粗集料除了满足表 7-10 的要求外，还应满足《普通混凝土用碎石或卵石质量标准及检验方法》JGJ 53—92 的颗粒级配、针片状颗粒含量、含泥量、压碎指标、坚固性和有害物质含量等的规定。

再生集料的来源十分广泛，成分复杂，是其与天然集料的主要区别之一。因此，尽快制定出适合再生粗集料特点的分级方法，给出再生粗集料的应用技术导则，可以很好地指导实际工程应用，推动建筑垃圾和废弃混凝土的综合利用。

## 7.4　再生集料混凝土设计技术

由建筑垃圾中砖石砌体、混凝土块循环再生的集料，由于在生产过程中要进行破碎，将导致再生集料与天然集料特性相差较大。蒋业浩系统地研究了再生集料的特征和再生混凝土设计特点。

### 7.4.1　再生集料基本特性

再生集料中不仅有少量脱离砂浆的石子、部分包裹砂浆的石子，还有少量独立成块的水泥砂浆。因水泥砂浆的表面粗糙、棱角多以及在生产过程中集料内部出现大量微细裂缝，导致再生集料孔隙率大，表观密度和堆积密度降低。现在普遍认为再生集料的表观密度为天然集料的 85% 以上。但由于再生集料受原生混凝土的集料种类、强度等级、配合比、使用时间与环境等多种因素影响，使得再生集料表观密度和堆积密度的离散性很大。通过多次破碎与筛分，使表面附着的水泥浆体脱落，可以达到天然集料堆积密度的 97% 以上。

同样的原因使得再生集料的吸水率和吸水速率都远远高于天然集料，再生细集料和再生粗集料由于成分和粒径的不同，前者吸水率比后者吸水率高出许多。国外的研究发现，再生细集料的吸水率主要在 7%～12.1% 之间，再生粗集料的吸水率在 3.6%～8.0% 之间，主要分布在 5% 左右。Salomon M. Levy 等人认为，再生集料的吸水率是天然集料的 6～8 倍。国内研究表明，再生细集料的吸水率超过 10%，有些情况下高达 15%，再生粗集料吸水率范围很大，在 2.5%～12% 之间。吸水主要发生在 10min 内，基本达到吸水饱和状态。

天然集料的压碎指标为 6.5%，再生集料的压碎指标为 21.1%，比天然集料大 2 倍之多，故其强度比天然集料的下降很多，对再生混凝土的性能产生不利影响。

再生集料的颗粒形状分布也有别于碎石集料和卵石集料。

### 7.4.2 新拌混凝土的性能

水灰比、单位用水量、砂率是影响新拌混凝土和易性的主要因素。砂率在 0.35～0.40 之间,对新拌混凝土和易性最为有利。附加水量是配制再生混凝土时要着重考虑的一个因素,这一点有别于天然集料混凝土。随着再生集料取代率的提高,新拌混凝土的表观密度逐渐下降,完全使用再生集料时,试验测得新拌混凝土的表观密度在 2300kg/m³ 左右,比普通混凝土下降 5% 左右。

### 7.4.3 再生集料混凝土配合比设计特点

从前所述可知,与天然岩石集料相比,再生集料最显著的特征是孔隙率大、吸水率高、强度低等。所以再生混凝土的配合比设计和天然集料的普通混凝土配合比设计不同。首先,用再生集料新拌混凝土的工作性(流动性、可塑性、稳定性、易密性)将因孔隙率大、吸水性强而下降。其次,再生集料混凝土硬化后的特性(强度、应力—应变关系、弹性模量、泊松比、收缩、徐变)都会与天然集料有所不同。从混凝土破坏机理分析,天然集料混凝土受压破坏时,一般是在集料和水泥石结合面产生微细裂纹,裂纹互相连通扩大后,将导致混凝土破坏。而在再生集料混凝土中,最初的微细裂纹可能出现在再生集料和新水泥石界面处,也有可能出现在再生集料中的原集料和原老混凝土界面处或者再生集料内部。

由于再生集料与天然集料性能的差异,再生混凝土的配合比不能完全按照普通混凝土设计。目前尚无专业的再生混凝土配合比设计公式,参照普通混凝土的配合比设计基础上,进行单位用水量、砂率、水灰比等的确定。在参考文献[18]中蒋业浩研究了再生混凝土配合比设计步骤,在普通混凝土配合比设计公式的基础上确定了水灰比、集料系数、用水量(包括附加水量)、砂率等参数。

张亚梅等以普通混凝土配合比设计方法为基准,同时进行废混凝土集料预吸水,并掺加粉煤灰、减水剂或二者复合使用,可使再生混凝土的工作性和强度同时满足设计要求。所用的粗集料全部为废混凝土集料,采用废混凝土集料的预吸水方法,成功配制了 28d 抗压强度达 54.6MPa 的再生混凝土。

## 7.5 再生集料实际应用工程

### 7.5.1 再生集料应用实例

1. 再生混凝土道路

再生混凝土集料在道路方面的应用主要有以下几大类:一是用再生集料做道路的垫层(基层),其上再做面层;二是直接用再生集料配制混凝土做道路路面;三是直接在原来的混凝土路面基础上原地做现场处理然后做新的路面。

肖建庄进行了采用二灰集料系统材料做道路混凝土基层的研究。二灰集料系统就是用石灰、粉煤灰、再生集料按一定的比例配合,然后通过重型击实、无侧限抗压强度、劈裂以及室内抗压回弹试验检测了二灰集料的最大干密度、最佳含水率以及不同龄期的抗压强度、劈裂强度和抗压回弹模量,总结了材料组成与二灰集料性能的相关性,找到当再生集料的含量为80%~85%，且二灰比为1∶3~1∶4时，性能较好。同时研究指出，在该系统中加入3%~4%的水泥可以提高二灰集料的力学性能。

肖建庄研究了再生混凝土路面。试验路面宽度为7.0m，双向2车道，路面厚度为24cm，路拱横坡为2%，设计行车速度为60km/h。再生混凝土的配合比为：水泥360kg/m³，砂699kg/m³，天然集料571kg/m³，再生集料（5~15mm）356kg/m³，（15~31.5mm）237kg/m³。混凝土试块强度3d抗折/抗压3.64/34.6MPa，28d抗折/抗压5.68/45.6MPa，90d抗折/抗压6.03/49.2MPa。路面工程完成后，根据《公路路基路面现场测试规程》的要求，对试验路面的几何尺寸、表面状况、混凝土回弹强度等指标进行了检测，结果符合要求。

另外一种混凝土路面再生利用技术是在原来的混凝土道路失去使用功能后，在原地将水泥混凝土路面破碎作为路基，然后在其上重新铺路面。卢铁瑞等人研究的水泥路破碎工艺主要有两种，分别是门板式破碎技术和多锤头破碎技术。

门板式破碎技术与施工工艺：门板式破碎技术（也称打裂压稳技术）主要是利用门板式重锤将水泥混凝土路面打裂成较大块径，把原来集中在板缝的应力分散到数个板缝间，再加铺改性沥青可以有效缓解反射裂缝。

多锤头破碎技术和施工工艺：多锤头破碎技术是以液压油缸把悬挂在车后的重锤依次提升到一定高度后突然释放，锤头迅速自由落体下滑，每个锤头产生450~680kg的能量，对水泥路面进行连续的冲击破碎。破碎后的水泥板呈上小下大，上面层不大于7.5cm，中面层不大于22.5cm，下面层不大于37.5cm，且相互镶嵌的结构，具有较好的支撑作用，可作为路基使用。这种方法可基本上消除反射裂缝。板式破碎技术和多锤头破碎技术不仅可以大大减少废料丢弃和废料运输，还降低了水泥路改造过程中对环境的污染，节约石料和沥青，降低工程费用，缩短了工期。

国内再生混凝土道路研究应用情况：2002年，原上海江湾机场大量废混凝土被加工成再生集料用于新江湾城的道路基层建设中；2003年，同济大学校内建成一条再生混凝土刚性路面；2007年，在南京市青年支路西段使用废混凝土再生材料做道路基层；2007年，武汉王家墩机场拆除的废混凝土破碎成不同粒径的再生集料，用于铺设道路路基、路面和人行道砖中；在广西平果至百色段、湖北仙桃、河南G106驻马店新蔡段水泥路改造试验中都应用了破碎工艺技术。

2. 再生结构混凝土

由于再生集料的复杂性，使得再生混凝土和普通混凝土在原材料、配合比以及施工工艺等方面存在重要的差别，普通混凝土的规范、标准不能直接应用到再生混凝土。所以在结构上的研究应用的成果较少。

刘数华等人探索性地研究了高强度高性能再生混凝土，全再生集料的再生混凝土28d强度可以达到70MPa，并且能够抵挡300次冻融循环而不破坏。肖建庄率领课题组人员在国内率先研究了再生混凝土框架梁柱节点的抗震、抗剪等力学性能，研究结果表明，在有抗震设防要求区域的框架节点中，采用再生混凝土是可行的。这些成果是结构领域应用再生混凝土的良好开端。

3. 再生混凝土制品

再生混凝土制品主要是指利用再生集料混凝土生产的墙体材料，主要是再生混凝土砖（以下简称再生砖）、再生混凝土空心砌块（以下简称再生砌块）、再生混凝土墙板（以下简称再生墙板）等。再生混凝土制品的生产工艺与采用天然集料的普通混凝土制品的生产工艺基本相同，只是在前段增加了一道再生集料的处理程序。

（1）再生砖

再生砖的设备简单，生产工艺成熟，产品性能稳定，市场需求量大；免烧结，是资源综合利用、节能型产品；废渣处理量大。再生砖的主要规格为 240mm×115mm×55mm，强度等级可达到 MU7.5～MU15。据测算，生产一亿块这种再生砖可消纳建筑垃圾 37 万 t。也可按照古建施工要求定制建筑垃圾再生古建砖。

再生砖与天然集料混凝土砖相比，再生砖的售价取决于再生集料的处理费用和当地天然集料的价格，而处理费用与所在地建筑垃圾处理费用、运距、占地损失等有关。

郑州大学郝彤、刘立新等人对照实际建筑垃圾的组成进行了用碎砖集料和碎混凝土集料配制混凝土生产再生混凝土多孔砖的研究，主要研究内容有两点：一是再生混凝土的材料性能研究；二是再生混凝土多孔砖的生产工艺技术和制品性能研究。

再生混凝土材料性能研究的主要成果：碎混凝土集料混凝土的配合比为水灰比 $W/C=0.5～0.55$，砂率为 $0.44～0.45$，粉煤灰掺量为 $15\%～20\%$；碎砖集料混凝土的配合比为水灰比 $W/C=0.74～0.55$，砂率为 $0.35～0.36$，粉煤灰掺量为 $15\%～20\%$；均采用 32.5 级水泥；再生混凝土的试验强度等级均达到 C20。

再生混凝土多孔砖研究的主要成果：利用废弃建筑垃圾的碎混凝土块、碎砖块作为粗集料（为了使生产再生混凝土多孔砖的集料与建筑垃圾的组成成分一样，试配了 4 种集料：即 100%碎混凝土、100%碎砖、1/3 碎混凝土 2/3 碎砖、2/3 碎混凝土 1/3 碎砖），并依上述配合比为基准制作了混凝土多孔砖。并在砖厂生产线上试制。用振动挤压成型方法制作的再生混凝土 KP1 型多孔砖的强度等级可达到 MU15 和 MU20，收缩变形较小，冻融循环试验结果符合要求，各项指标均符合《烧结多孔砖》GB 13544—2000 的要求，且可以代替黏土砖用于承重墙。其生产工艺如图 7-5 所示，产品如图 7-6 所示。

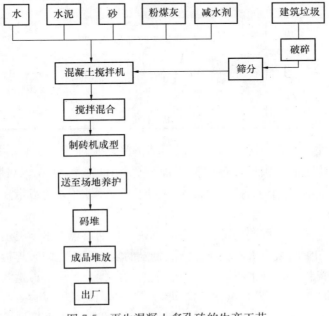

图 7-5　再生混凝土多孔砖的生产工艺

图 7-6 再生混凝土多孔砖

(2) 再生墙板

内隔墙板是框架结构建筑分隔内部空间的主体材料，是替代传统黏土砖的新型墙体材料，厚度较薄，可以有效地提高房屋使用面积。由于墙板表面光滑，安装成墙后，表面处理量小、施工作业量小、施工效率高。再生墙板主要的技术指标有抗冲击性能、吊挂力、抗弯性能等，产品按照《建筑隔墙用轻质条板》JG/T 169、《工业灰渣混凝土空心隔墙条板》JG 3063、《住宅混凝土内墙板与隔墙板》的要求进行质量检验和生产控制。

据肖建庄等人的研究，再生混凝土条板与其他常用墙体材料在力学性能、保温隔热、隔声性能方面的对比如表 7-11 表所示。

**再生混凝土条板与其他墙体材料的性能比较**　　表 7-11

| 种 类 | 抗冲击性（次） | 抗弯强度（MPa） | 抗压强度（MPa） | 保温性能 [W/(m·K)] | 隔声性能（dB） |
|---|---|---|---|---|---|
| 石膏空心条板 | ≥8 | 1.5 | 7.0～10 | 0.24 | 双层34 |
| FC轻质复合板 | ≥5 | 8～11 | 23kg/m² | 0.2 | 35～50 |
| GRC多孔板 | ≥5 | 1400N ($l$=1.4m) | 4 | 0.15 | 35～41 |
| 加气混凝土板 | ≥10 | 1.5～2.0倍自重 | 2.4 | 0.5 | 30～50 |
| 多孔黏土砖 |  |  | 7.5～30 | 0.58 | 45～55 |
| 再生混凝土板 | ≥7 | 1.5～4.0倍自重 | 19 | 0.26 | 44 |
| 挤出成型纤维水泥大孔率条板 | ≥8 | 7.9倍自重 | 25.2 | 0.78 | 43 |
| 纤维增强水泥多孔板 | ≥16 | 110kN ($l$=2.5m) | ≥2.0 | 0.5 | ≥40 |
| 移动式挤压成型混凝土多孔条板 | ≥5 | 1.0～2.5倍自重 | ≥3.0 | 0.48 | 30～40 |
| 轻质陶粒混凝土条板 | ≥5 | 2倍自重 | ≥5.0 | 0.22 | ≥30 |

江苏无锡市某住宅小区三期工程，每层间墙的平均长度为 116.4m，间墙面积占用率为 5.47%。使用再生混凝土条板后，每层使用面积平均增加 12.80m²，间墙面积占用率降低 2.62%。对于住户来讲，增加了房屋使用面积；对于开发商来说，可以带来丰厚的附加利润。

(3) 再生砌块

再生砌块是用再生集料配制的混凝土空心砌块，目前市场上最常见的是红砖碎集料生产的多排孔轻质砌块和中间填充聚苯板或泡沫混凝土的复合砌块。即破碎拆除建筑物时产生的废弃红砖得到粗细集料，拌合水泥等其他原料生产的混凝土砌块。再生混凝土空心砌块有多种尺寸，最常见的是 190 系列和 240 系列，即墙厚度方向是 190mm 或 240mm，其他 2 个方向有 190mm、290mm、390mm、90mm 等。图 7-7 所示砌块是用建筑垃圾生产的再生砌块及用聚苯板夹芯后的复合保温砌块，图 7-8 所示砌块是用建筑垃圾生产的砌块壳体然后用泡沫混凝土填芯制造的再生集料复合保温砌块，其工艺流程如图 7-9 和图 7-10 所示。

图 7-7 再生集料砌块

图 7-8 泡沫混凝土夹芯再生集料砌块

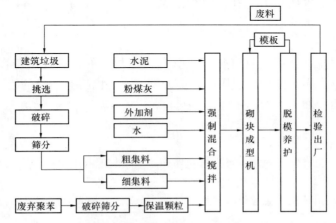
图 7-9 再生集料生产混凝土空心砌块工艺流程示意图

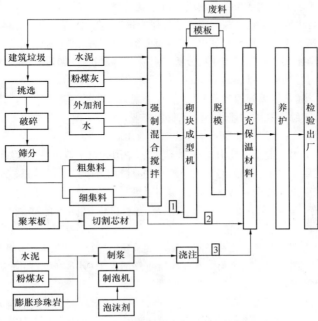
图 7-10 再生集料夹心砌块生产工艺示意图
注：夹心砌块的夹心方式有 3 种，如图中所示，根据条件选用。

141

### 7.5.2 再生混凝土应用展望

再生集料除了生产混凝土和新型墙体材料外，还可以参与更大的自然系统物质循环利用。

1. 环保材料

再生集料表面积大，表面附着大量水泥砂浆，在中性化过程中会吸收空气中的二氧化碳。因此，废弃混凝土和再生集料可以作吸收大气中二氧化碳的环保材料。

2. 护坡材料

植被差的山坡地风雨来袭时，因土壤含水率增大而形成泥石流；高等级公路两边的山坡也常常因含水率增大而塌方。在山坡地上铺盖吸水率较高的再生集料将可吸收部分雨水，减缓山坡地含水量的增大。

3. 固堤材料

再生集料遇到流水会溶出氢氧化钙，氢氧化钙与二氧化碳反应可以生成碳酸钙。因此，再生集料可以作为天然加固剂用于土堤。倘若土堤内掺有少量的粉煤灰，将会形成粒料间的粘结介质而增加土堤的稳定性。

## 参考文献

[1] 李惠强，杜婷，吴贤国. 建筑垃圾资源化循环再生集料混凝土研究[J]. 华中科技大学学报，2001，29（6）.

[2] 研究人员估算汶川地震产生建筑垃圾约3亿吨. http://news.xinhuanet.com/politics/2008-06/27/content_8450457.htm.

[3] 住房和城乡建设部. 地震灾区建筑垃圾处理技术导则. 2008，5.

[4] 陆凯安. 我国建筑垃圾的现状与综合利用[J]. 施工技术，1999，28（5）.

[5] 李爽，张金喜. 再生混凝土粗集料分级方法的研究进展[J]. 新型建筑材料，2008，11.

[6] 王雷等. 我国建筑垃圾处理现状与分析[J]. 环境卫生工程，2009，17（1）.

[7] 唐沛，杨平. 中国建筑垃圾处理产业化分析[J]. 江苏建筑，2007，113（3）.

[8] 国家统计局. http://www.stats.gov.cn.

[9] 王罗春，赵由才. 建筑垃圾处理与资源化[M]. 北京：化学工业出版社，2004.

[10] 刘数华. 建筑垃圾综合利用综述[J]. 新材料产业，2008，4.

[11] 肖建庄. 再生混凝土[M]. 北京：中国建筑工业出版社，2008.

[12] 刘数华，冷发光. 再生混凝土技术[M]. 北京：中国建材工业出版社，2007.

[13] 王智威. 废弃混凝土再生利用的经济性分析及产业链构造[J]. 混凝土，2007，201（4）.

[14] 张万仓主编. 混凝土空心砌块与混凝土砖实用手册[M]. 北京：中国建材工业出版社，2007.

[15] 杨树新，田斌守，冯启彪，孟渊. 泡沫混凝土芯材保温砌块的研制[J]. 新型建筑材料，2009，7.

[16] 郝彤. 再生混凝土多孔砖配合比和基本性能的实验研究[D]. 郑州：郑州大学，2005.

[17] 卢铁瑞，侯献云，白洪岭，白红英. 水泥混凝土路面再生利用技术应用研究[J]. 公路交通科技（应用技术版），2006，(11).

[18] 蒋业浩. 再生混凝土抗压强度及配合比设计研究[D]. 南京：南京航空航天大学，2006.

[19] 张亚梅，秦鸿根，孙伟等. 再生混凝土配合比设计初探[J]. 混凝土与水泥制品，2002，123（1）.

# 第 8 章 全生命周期建筑评价

## 8.1 全生命周期评价基本理论

### 8.1.1 全生命周期评价定义

生命周期评价（Life Cycle Assessment，LCA）概念的首次提出是在 1990 年由国际环境毒理学与化学学会（SETAC）首次主持召开的有关生命周期评价的国际研讨会上。在以后的几年里，SETAC 又主持和召开了多次学术研讨会，对生命周期评价（LCA）从理论与方法上进行了广泛的研究，对生命周期评价的方法论发展作出了重要贡献。1993 年，SETAC 根据在葡萄牙的一次学术会议的主要结论，出版了一本纲领性报告《生命周期评价（LCA）纲要：实用指南》。该报告为 LCA 方法提供了一个基本技术框架，成为生命周期评价方法论研究起步的一个里程碑。另外还有一些概念——全生命周期评价 WLA（Whole Life Appraisal），全生命周期成本 WLC（Whole Life Costing），与此类似。

全生命周期评价（LCA）是一种评价产品、工艺或活动的方法，从原材料采集，到产品生产、运输、销售、使用、回用、维护和最终处置整个生命周期阶段有关的环境负荷的过程。它首先辨识和量化整个生命周期阶段中能量和物质的消耗以及环境释放，然后评价这些消耗和释放对环境的影响，最终目的是辨识和评价减少这些影响的机会。研究结果作为企业内部产品开发与管理的决策支持工具。全生命周期评价的内容很多，即可以围绕某个指标对对象进行全生命周期评价分析，上面的定义是指全生命环境影响评价，还有其他的指标，如全生命周期成本分析、全生命周期能耗分析、全生命周期环境影响评价、全生命周期技术经济评价等。在建筑领域主要是成本分析、能耗分析、环境影响分析等。

### 8.1.2 生命周期评价方法的主要内容

1993 年，SETAC 在《生命周期评价纲要：实用指南》中将生命周期评价的基本结构归纳为 4 个有机联系的部分：定义目标与确定范围、清单分析、影响评价和改善评价，如图 8-1 所示。

（1）目标定义和范围界定

确定目标和范围是 LCA 研究的第一步。一般需要先确定 LCA 的评价目标，然后根据评价目标来界定研究对象的功能、功能单位、系统边界、环境影响类型等，这些工作随着研究目标的不同变化很大，没有一个固定的模式可以套用，但必须反映出资料收集和影响分析的根本方向。另外，此研究是一个反复的过程，根据收集到的数据和

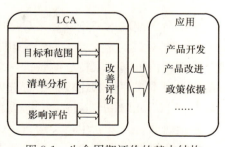

图 8-1 生命周期评价的基本结构

信息，可能修正最初设定的范围来满足研究的目标。在某些情况下，由于某种没有预见到的限制条件、障碍或其他信息，研究目标本身也可能需要修正。

（2）清单分析

清单分析的任务是收集数据，并通过一些计算给出该产品系统各种输入输出，作为下一步影响评价的依据。输入的资源包括物料和能源，输出的除了有产品外，还包括向大气、水和土壤的排放。在计算能源时要考虑使用的各种形式的燃料和电力、能源的转化和分配效率以及与该能源相关的输入输出。

（3）生命周期影响评价

在 LCA 中，影响评价是对清单分析中所辨识出来的环境负荷的影响作定量或定性的描述和评价。影响评价方法目前正在发展之中，一般都倾向于把影响评价作为一个"三步走"的模型，即影响分类、特征化和量化评价。

（4）改善评价

根据一定的评价标准，对影响评价结果做出分析解释，识别出产品的薄弱环节和潜在改善机会，为达到产品的生态最优化目的提出改进建议。

### 8.1.3 生命周期评价原则

从节约材料的角度看，简单归纳全生命周期评价的原则如下：
（1）必须具有连贯性、一致性和完整性，不能出现重复计算和计算不周的现象；
（2）研究对象是具有功能的单位构件；
（3）参与环境影响计算的材料或构件选取原则；
（4）区分再利用材料、可循环材料和一次性产品。

### 8.1.4 生命周期评价工具简介

全生命周期评价方法问世后，迅速在世界范围内推广开来，应用到许多不同的领域，也出现了一些分析工具，如德国开发的环境影响评估软件 GaBi、瑞典开发的 LCAiT、英国研发的 PEMS（Pira Environmental Management System），荷兰开发的 Simapro，美国开发的 TEAM 等等。

## 8.2 绿色建筑全生命周期成本

### 8.2.1 概述

全生命周期成本理论（Life Cycle Costing，简称 LCC），美国建设合同词典 Chappel etal 2001）对其的定义是：它是一项技术，起源于英国工料测量师研究与发展委员会的研究工作，由英国皇家特许测量师学会于 1983 年 7 月正式提出，通过研究建筑物整个生命期的总成本来评估和比较各个可选方案，从而获得最佳的长期成本收益。美国著名项目管理专家 Harold Kerzne 将全生命周期成本定义为"某一产品全生命周期所需的全部成本，包括研究、开发、生产、运营、维护和报废等所有成本"。

全生命周期成本理论是一项以成本为导向的技术工具，评估建设项目的整个生命周期的成本绩效，考虑建设项目的初始投资成本、运营成本、维修更换成本和残值回收。全生命周期成本理论是在实现一定的经济效益前提下，从满足条件的几个备选方案中选出成本最小的可行方案的一种经济方法。它不仅可以给决策者提供专业化推荐建议，还可以提供科学的数据化结论并给出定量的解释。

建设项目在初期投资建设完毕后，在使用维护阶段，会产生一系列的使用运营费用，而这些费用有时会因前期的设计、施工的不同选择等各种原因造成费用剧增，甚至超过初期投资。所以建设项目投资控制方式要以全过程投资控制为主，除考虑的初始投资成本外，还要考虑以后的运营成本和终结处置费用。所以在国家大力提倡建设节约型社会的情况下，运用全生命周期成本理论来指导工程建设显得尤为重要。

### 8.2.2 绿色建筑全生命周期成本

（1）定义

绿色建筑全生命周期成本，即是基于全社会的角度，在绿色建筑的生命周期内（绿色建筑从项目的构思、策划、土地获取、设计—建造—运营、维护的整个生命周期）生产者、消费者以及社会所发生的一切成本费用。绿色建筑全生命周期成本构成如图8-2所示。

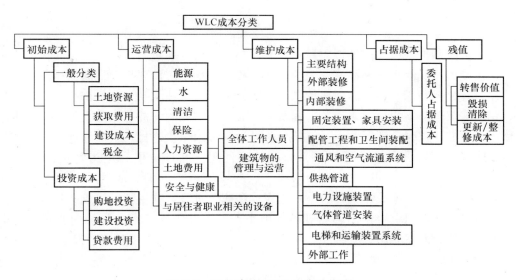

图 8-2 绿色建筑 WLC 成本分类表

（2）绿色建筑全生命周期评价的阶段划分

绿色建筑全生命周期分为决策阶段、设计阶段、施工阶段、运营维护阶段。各阶段对项目投资的影响程度不一样。

决策阶段的主要内容是调查项目的社会需求状况以及经济和社会效益，调查和分析项目建设的交通运输、通信设施及水、电、气、热等相关资源的现状和发展趋势，确定项目的规模，项目建设地的环境状况。根据全生命周期成本最小化目标的要求，评估建设项目的能源消耗水平、可再生能源、回收材料利用、中水利用方案、能源节省的措施等；空间布局、结构设计和选材是否有利于节约材料。

设计阶段是影响建设项目投资的关键阶段，如图8-3所示。影响建设方案的因素较多，所以设计阶段所做的主要工作是对各个方案进行综合评价，以求得方案的技术性与经济性达到和谐统一。对于建筑节材而言，在设计阶段要充分选用使用可循环、可再生材料，选用耐久性较好的建材，减少材料的更换、维护，从而节约费用。尽量采取适应性强、易于改造的设计方案，以延长建筑使用寿命。在建筑生命周期中，尽量减少建筑垃圾和其他污染物的排放，减轻环境负荷。

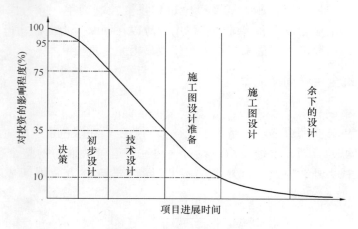

图8-3 各阶段工程项目投资

施工阶段是根据设计图纸把原材料、半成品、设备等通过施工形成工程实体的系统过程，是建设项目价值和使用价值实现的主要阶段。在这个阶段要贯彻"清洁生产"和"减物质化"等绿色理念，使之体现在传统的施工方案、施工技术及工艺生产过程的各个环节中。要求施工单位不牺牲建筑产品工程质量、成本、功能的前提下，最大限度地减少施工废弃物，更加注重绿色环保意识，倡导绿色设计，选用绿色建材，组织绿色施工，实施废弃物的处理和回收。科学地落实以减量化、再使用、循环再生利用为特征的减物质化原则。

运营维护阶段是项目建成后的使用过程。在这个阶段，项目已经建成，降低全生命周期成本的关键就是制定合理的运营和维护方案，运营和维护方案分为长期方案和短期方案，运营和维护方案的制订要以生命周期成本最低为目标，通过制定合理的运营维护方案，运用现代经营手段和修缮技术，按合同对已投入使用的各类设施实施多功能、全方位的统一管理，以提高设施的经济价值和实用价值，降低运营和维护成本。在建筑物运营阶段，能够反映出与最初WLA预测时相比较的建筑物的经济表现是怎样的。这是很重要的，因为全生命周期成本中，运营成本占了很大的比例。

**参考文献**

[1] 郭伟祥. 生命周期评价（LCA）方法概述. 通信技术与标准，2009，9～10.
[2] 张倩影. 绿色建筑全生命周期评价研究［学位论文］. 天津理工大学，2008

# 第9章 建筑节材展望

　　建筑节材归根到底要依靠科学发展的观念和技术的进步。资源和能源的有限性和不可再生性已经深入人们心中，现在在发展社会经济的过程中不再有"征服自然"这样的提法，相反提出了"和谐共处"的理念。这是科学的发展观，是对地球生存和人类可持续长远发展的负责任的发展观念。在这样的大背景下，建筑节材的实施更具有实际意义。循环经济的生产方式是这个发展观念在建筑节材领域的最有力的手段。

　　循环经济是与传统经济相对而言的，是指建立在物质不断循环利用、循环替代、循环净化基础上的经济发展模式。它使经济活动按照自然生态系统的规律，组成一个"资源—产品—再生资源"的物质反复循环流动的过程，使整个经济系统以及生产和消费过程基本上不产生或只产生很少的废物，从根本上改变传统经济的"资源—产品—污染排放"物质单向流动的经济发展模式，使资源得到充分利用。其主要特征是三大原则，即减量化原则（Reduce）、再利用原则（Reuse）、再循环原则（Recycle），简称"3R"原则。减量化原则，要求用较少的物质资源（原料和能源）投入，特别是无害于环境的资源投入来达到既定的生产目的和消费目的；再利用原则的目的是延长产品和服务的时间强度，要求制造商尽可能延长产品的使用期，抵制一次性用品；再循环原则是输出端方法，要求生产出来的物品在完成其使用功能后重新变成可以利用的资源，而不是不可恢复的垃圾。

　　在实施循环经济的具体措施上有三个层面的内容：微循环、中循环、大循环。

　　微循环指的是企业内部的生产线实现资源循环，要求企业节约降耗，提高资源利用效率，实现减量化；对生产过程中产生的废弃物进行综合利用，并延伸到废旧物资回收和再生利用；根据资源条件和产业布局，延长和拓宽生产链，促进产业间的共生耦合，企业实现"零排放"。

　　中循环是指在循环经济工业园区层次上通过园区内企业之间的物质、能量、信息的交换，实现园区资源和能源使用的最优，将工业园区对环境的影响降到最低，是一种在中观层次的循环经济实践模式。循环经济工业园区是指将企业集群化设置的工业园区，将不同的企业按生态学原理设置在一起，上下游产业链互为依存，通过工业园内企业之间的物质与能量的交换，减少废物排放，实现废物重新利用和能量的多级使用，从园区整体来看可以实现"零排放"。循环经济工业园提升了整个工业园的能源、资源利用效率，并创造了良好的环境效益，它是人类社会的生产形态由工业文明向生态文明迈进的一种标志，是人类社会为摆脱经济发展过程中的资源、环境瓶颈而必然选择的一种工业组织形态。在目前的社会经济发展水平下，园区建设在技术和经济上都是可行的，我国已经取得了一些良好的成绩，如广西贵糖的循环经济产业链取得了巨大的成功：工业生产中的各种副产品甚至废水、废渣、废气，可以成为下一个生产环节的原料，最后一个生产环节的废物经过加工又成为生产中第一环节优质的生产原料。在建筑材料的生产环节，循环经济理念是最高层次的生产方式，能源、资源、环境等方面都可以做到近乎理想的状态。图9-1和图9-2所示的是建筑材料循环经济产业园布置情况，整个园区顺序生产，园区是个封闭体系，对外只提供合格的产品，无废弃物排放，最大限度地实现了节约资源。

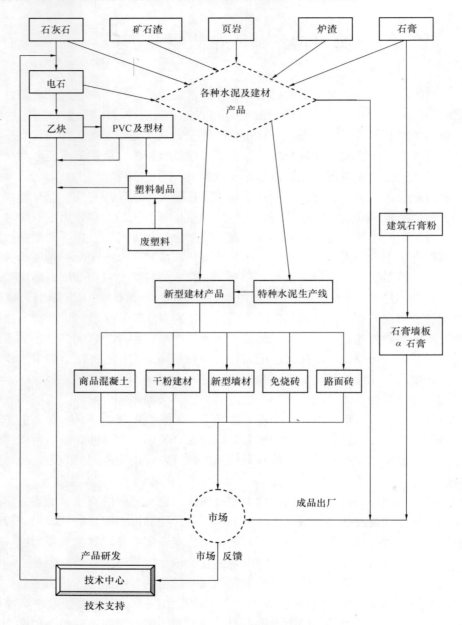

图 9-1 园区产业关联示意图（一）

大循环是宏观层面的循环经济形式，对整个社会的产业结构和布局进行调整规划，使社会发展的各领域、各环节，建立和完善全社会的资源循环利用体系。

循环经济理念的产生和发展，是人类对人与自然的关系深刻反思的结果。与我们所在的环境和谐共存，在满足人们日益高涨需求的前提下，尽量少地开采自然矿产资源和能源，是人类社会发展的必然选择。

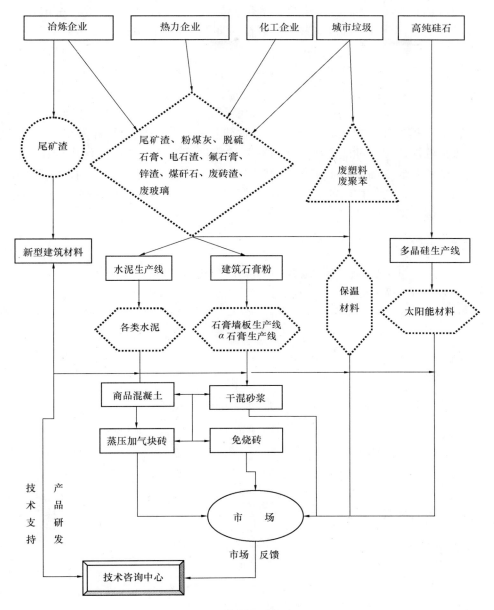

图 9-2 园区产业关联示意图（二）

在建筑节材方面另一个重要的内容是建筑物的寿命。我国建筑物无论在整体和局部"寿命"都不长，整体寿命指建筑物的使用期限，局部指建筑物的局部结构的"大开砸式"装修。在北京召开的第六届国际绿色建筑与建筑节能大会暨新技术与产品博览会上，住房和城乡建设部副部长仇保兴披露："中国每年新建建筑 20 亿 $m^2$，是世界上新建建筑量最大的国家，相当于消耗了全世界 40% 的水泥和钢材，而这些建筑物只能持续 25～30 年"。而按照我国《民用建筑设计通则》的规定，重要建筑和高层建筑主体结构的耐久年限为 100 年，一般性建筑为 50～100 年。但在现实生活中，我国相当多建筑的实际寿命与设计通则的要求有相当大的距离。而在发达国家，像英国的建筑平均寿命达到了 132 年，美国的建筑寿命也达到了 74 年。短命建筑直接带来另一个严峻的问题，就是城市建筑垃圾。据住房和城乡建设部建筑节能与科技司司长陈宜明统计："我国建筑垃圾的数量已占到城市垃圾总量的 30%～40%。对砖混结构、全现浇结构和框架结构等建筑的施工材料损耗的粗略统计，在每万平方米建筑的施工过程中，仅建筑垃圾就会产生 500～600t；每万平方米拆除的旧建筑，将产生 7000～12000t 建筑垃圾，而中国每年拆毁的老建筑占建筑总量的 40%"。这是对材料最大的浪费，同时浪费了附在其上的能源等生产要素。

总而言之，建筑节材的最高目标应该是在建材生产环节实现循环经济、清洁生产模式，得到热工性能、耐久性能优异的建筑材料或构件，然后用在经过优化设计的建筑上，在建造过程中统筹规划高效施工，而该建筑的使用年限达到设计要求，在此过程中能够达到低成本运营，建筑物使用功能丧失、寿命终了时建筑垃圾又作为一种输入原料又进入产业循环链，能够全部回收利用。

**参考文献**

[1] 祝连波，任宏. 基于循环经济的建筑节材研究 [J]. 生态经济（学术版），2007，01.
[2] 谢家平，孔令丞. 循环经济与生态产业园园区：理念与实践 [J]. 管理世界，2005，2.
[3] 孙海燕. 战略高度导向建筑节材——建设部科技委"建筑节材"课题确定研究重点 [J]. 建设科技，2005，16.